體驗行銷對網路書店

虛擬社群影響之研究

■■■■■■■本研究係由「消費者」的觀點來看待網路書店虛擬社群的行為表現,並以新世紀的「體驗行銷」觀點,替台灣出版業界提供適合的行銷策略議題。

王祿旺◎著

自序

　　近年來，虛擬社群的相關研究漸被重視，而虛擬社群之價值在於創造出達到臨界數量之社群成員，並藉由維持其忠誠度來累積社群資產以獲取更大的利益。虛擬社群是商機的代表，在某個社群中的成員往往具有某些相同的特質，企業在瞭解這些特質後將更容易與特定的目標市場相接觸。本研究擬由「消費者」的觀點來看待網路書店虛擬社群的消費行為表現，並以新世紀的行銷觀點──「體驗行銷」，為台灣出版業界提供適合的行銷策略議題。目的在於了解不同型態的網站體驗及網路虛擬社群的影響，以提供網路書店經營者經營社群及擬定行銷策略之參考。

　　本「體驗行銷對網路書店虛擬社群影響之研究」在策略體驗模組方面是以感官、情感、思考、行動及關聯體驗等五個構面所組成，分析人口變項與網路使用型態變數與策略體驗模組是否會產生影響。調查方法則採用全球資訊網問卷調查法，回收問卷計 601 份；刪除明顯重複填答及無填答意向的無效問卷共計 21 份，總計有效問卷共 580 份，問卷有效回收率為 96.5%。

　　本研究第一章為說明本研究之研究背景與動機、研究目的、研究問題、研究架構、研究假設、研究流程及預期結果。第二章則說明與探討與本研究有關的各種研究背景或依據，以確立研究架構、方法與內容。第三章之內容為說明本研究之研究方法與資料蒐集的對象與方式、問卷設計與調查內容、研究限制及資料分析方法。第四章則係針對問卷調查結果予以整理

分析，並進行相關討論。第五章針對研究結果進行結論，並提出對未來研究的建議。

　　本項研究始於三年前，文內許多的資料收集與鍵入工作，是由本人當時的研究生暨助理慧儀幫忙執行，慧儀天資聰穎且德慧雙修，本研究能得以完成她可說是居第一功，在此除了感謝她，也祝願她能早日完成博士學業返台大展鴻圖。

王祿旺 2005 年 8 月 於
世新大學圖文傳播暨數位出版學系

目錄

體驗行銷對網路書店
虛擬社群影響之研究

體驗行銷對網路書店虛擬社群影響之研究

王祿旺 博士

論文摘要內容：

　　近年來，虛擬社群的相關研究漸被重視，而虛擬社群之價值在於創造出達到臨界數量之社群成員，並藉由維持其忠誠度來累積社群資產以獲取更大的利益。虛擬社群是商機的代表，在某個社群中的成員往往具有某些相同的特質，使企業更容易接觸到特定的目標市場。本研究係由「消費者」的觀點來看待網路書店虛擬社群的行為表現，並以「體驗行銷」的新世紀行銷觀點，替台灣出版業界提供適合的行銷策略議題。目的在於了解不同型態的網站體驗及網路虛擬社群的影響，以提供網路書店經營者經營社群及擬定行銷策略之參考。

　　本研究在策略體驗模組方面以感官、情感、思考、行動及關聯體驗等五個構面，分析人口變項與網路使用型態變數與策略體驗模組是否產生影響。調查方法採用全球資訊網問卷調查法，共計回收 580 份有效問卷，有效回收率為 96.5%。

關鍵詞：體驗行銷、虛擬社群、網路書店

體驗行銷對網路書店
虛擬社群影響之研究

第一章　緒論

本章共分六節，第一節將描述本研究之研究背景，以及所引發的研究動機；進而根據研究動機於第二節提出研究目的與研究問題；第三節提出研究架構與假設；第四節則為本研究之研究流程；並於第五小節針對本研究變項訂定明確名詞定義；最後於第六小節提出本研究之預期研究結果。

1.1　研究背景與動機

根據聯合國「貿易暨發展委員會（United Nations Conference on Trade and Development；UNCTAD）」的電子商務發展年度報告指出，2002 年時全球上網人口已達 5 億 9,100 萬，與 2001 年統計數據相較成長 20%；（資料來源：資策會 ECRC-FIND）網路研究機構 Nua.com 最新的 2002 年全球網路趨勢報告指出，目前全球上網人口比例約佔全球人口的 10%；（資料來源：Nua.com）而國際資料公司（International Data Corperation；IDC）的調查研究預測全球上網人口數將在 2006 年達到 10.5 億。（資料來源：IDC）台灣地區截至 2005 年 3 月底，透過學術網路（TANET）上網的用戶數有 397 萬，透過電話撥接上網的用戶數達 214 萬，ADSL 用戶數為 328 萬戶，Cable Modem 用戶數為 40 萬戶，行動網路用戶數為 606 萬戶，固接專線用戶數為 1.2 萬戶，ISDN 用戶數為 1.2 萬戶，光纖用戶數約 2 萬戶；上述用戶經過加值運算、扣除一人多帳號等重複值後，計算出我國網際網路用戶數達 925 萬，連網普及率為 41

％。(資料來源：資策會 ECRC-FIND)而由目前的成長趨勢看來，網路使用者所佔的比例只會越來越高。(圖 1-1-1)就研究者的角度來看，隨著網路人口數量的成長，網路族群已成為一個值得研究的團體。

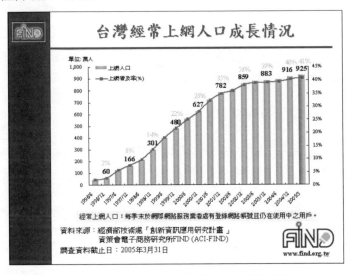

圖 1-1-1　台灣地區上網人口成長情況

資料來源：資策會網際網路調查中心（2005），

http://www.find.org.tw

調查機構 IDC 在 2002 年最新發佈的全球電子商務調查報告指出，由於全球上網人口的逐年增加，預估至 2005 年，全球電子商務交易量將加速成長至 5 兆美元。若拿此一數據與 2000 年的 3,540 億美元的網路支出相比，前述的統計數字相當於 70％的年複合成長率，其預測企業在以交易為主的網站數目將會急速增加，這將對強化商業交易、供應鏈自動化以及與顧客服務的整合有相當顯著的幫助。(資料來源：IDC)在模範

市場研究顧問公司 TNSI（Taylor Nelson Sofres Interactive）2002
年的全球電子商務研究報告顯示，網路電子商務使用者佔全球
總人口的上網人口比率約為 31%，而上網民眾之中在過去一個
月內曾經線上購物的比例達 15%，比較一年前調查時的 10%，
成長率為 50%；在線上搜尋資訊後離線購物的比例也達 15%，
合計全球有近三成的網路人口直接或間接地上網購物。（資料
來源：TNSI）而在 ComScore Networks Inc.的統計中也顯示，
線上購物（Online Shopping）在全球經濟不景氣的百業蕭條的
環境中，仍然逆流而上。（資料來源：ComScore Networks Inc.）

　　經歷網路泡沫化的黑暗期，網路零售業正逐漸走向獲利之
途，根據 Forrester 預測網路零售營業額 2005 年會增加到 1,096
億美元，2004 年則是 890 億。eMarketer 所最新估計出美國線
上的零售銷售 2005 年將會到達 845 億，有 22.1%的成長率。
美國網路零售商則預測在 2010 年，網路購物營業額可達到
$3,160 億美金。（Uche Okonkwo，2005）NetValue 的資料亦顯
示，屬於「電子商務」類型的網站並未受到經濟不景氣的影響，
網路使用者的點選率是逐漸攀升的，而網友上「電子商務」類
型網站，仍然以購買書籍雜誌、旅遊、拍賣型網站居多；（資
料來源：NetValue）而 Nielsen Media Research 與 Commerce Net
共同進行的調查報告中也顯示，書、電腦硬體周邊、電腦軟體、
旅遊相關服務及服飾高居網路消費的前五大商品。（資料來
源：Nielsen Media Research／Commerce Net）從以上統計數據
可知，書籍出版品的零售網站，是未來適合在電子商務中發展
的一種網站類型。

　　全球最大的網路書店 Amazon 的網站流量，更是穩居美國

零售網站龍頭地位，根據 Nielsen//NetRatings 的統計報告，2001年 11 月 Amazon 網站不重複到訪人數為 3,150 萬人，較前一年同期成長了 32%。Amazon 到訪人數眾多，且同時又維持二位數字高成長率的現象，再一次印證了網路產業大者恆大、贏家通吃的特性，而與 Amazon 同樣是網路書店性質的 Barnes & Noble 也以到訪人數 621 萬居第四名；從相關研究數據顯示，網路書店的確是未來電子商務中，具有商機且值得發展的一種商業模式。（資料來源：Nielsen//NetRatings）

網路正改變著人們的生活方式，透過網網相連的全球網際網路，個人即可在家中蒐集資料、工作、購物甚至進行商業交易。當原本各自獨立的電腦，因某種秩序或某種共通性被逐一串連，此時，一個網路上的新世界—虛擬社群（Virtual Communities）便被建構出來了。在網際空間裡，人人都以代號相稱，彼此不知對方的姓名、年齡、性別、職業等相關資料。人們可以匿名選擇扮演與現實完全不同的角色，在匿名的環境中，許多人較能夠暢所欲言，每個人都可以透過自己所構建出來的虛擬人物，描述自己的興趣與夢想，同時也和網友分享個人經驗及使用產品的心得。「虛擬社群」的出現，為原本混沌的網路世界帶來了社會化的現象，（Romm et.al，1997）也為企業帶來了新商機。（Hagel & Armstrong，1997）網路人口的成長不僅對研究者有意義，就企業而言，虛擬社群更是商機的代表，在某個社群中的成員往往具有某些相同的特質，而這些共同特質的人所形成的群體，讓企業更容易接觸到特定的目標市場。例如一個討論行動電話的社群，勢必成為行動電話廠商廣告時的最愛，因為廠商能更有效的將廣告訊息傳播給特定顧

客，也能從社群中得到消費者對市面上產品的意見與回饋，甚至可以直接對此一社群提供網路訂購的服務。尤其當此一社群的成員人數突破一個臨界點時，所帶給廠商的經濟價值更是龐大（Hagel & Armstrong，1997）。根據美國 ACNielsen 與 eBay 在 2004 年 9 月的一份調查顯示，約 40% 的美國人會加入社群（community）網站；其中 87% 的受訪者表示他們有加入某個社群團體。而在這些人裡又有 66% 表示亦參加了以個人嗜好為主題的網站，其次是休閒活動的 62%、保健訊息的 47%、社會／商務網絡（social／business networking）的 42%、體育活動的 42%、校友團體（alumni）的 39%，以及交友配對（dating site）的 23%。（資料來源：ACNielsen）

「圖書俱樂部」（Book Club）在英、美各國發展已有相當歷史，是「非書店」通路中的最大圖書消費市場，圖書俱樂部與一般書店銷售相比，在推薦圖書、引導閱讀方面的功能更強，互動作用亦十分明顯；當一個國家的經濟、社會文化以及民主文明程度達到一定水準，才有圖書俱樂部建立與發展的基礎和條件，圖書俱樂部對出版市場的貢獻相當多，主要為培育圖書市場、培育讀者，進而擴大市場佔有率，促進經濟增長，致使產業結構調整；另一方面可活化存量，消化大量圖書庫存，有利於市場資源的合理分配。圖書俱樂部把滿足個性化的服務作為經營基本原則，把以顧客為中心的宗旨表現在每個經營和服務的具體環節上，並樹立自己的品牌。（艾立民，2000）

隨著網際網路的發展，在全世界擁有 2,500 多萬會員的德國 Bertelsmann 集團圖書俱樂部，也開始在各地利用網際網路服務會員，以其在中國大陸上海的「貝塔斯曼書友會」為例，

短短幾年已擁有 150 萬名以上的會員，且書籍年銷售額達到
1.5 億人民幣。（胡軍慶，2002）台灣由於地狹人稠，一直沒有
如歐美各國般的大型圖書俱樂部出現，近年來僅零星出現一些
以單一出版社為主的小型圖書俱樂部或讀者俱樂部，但由於市
場規模小，又無法準確掌握到目標客群，使得成果不如預期。
而後隨著網際網路的發展，網路人口的激增，各出版社紛紛成
立自己的網上書店，網路書店中也規劃了一些主題閱讀社群，
如遠流博識網的「失戀雜誌」、「金庸茶館」；時報悅讀網的「村
上春樹的網路森林」等，這些網路閱讀社群不但替網站創造了
高流量，更刺激了相關書種的銷售量，使得此一社群經營模式
成為目前各大出版社爭相仿效的對象，更替台灣的圖書俱樂部
經營開創了先機。

> 一個成功的出版人必須對讀者的個人閱讀心態與讀者
> 集體的閱讀行為有所理解，並尊重讀者的消費意識，方
> 能針對讀者的口味與需求，發行叫好又叫座的書籍，使
> 讀者和業者嚐到雙贏的滋味。換言之，一個成功的出版
> 人必須要具有把消費者（Consumer）變成讀者
> （Reader），把潛在的讀者（Potential Reader）變成實際
> 的消費者（Actual Consumer）的能力。（邱天助，1997）

而傳統行銷不論其市場區隔如何深入，仍然很難滿足單一
顧客的個性化需求，而網路互動功能的實現，能使經營者直接
針對某些個人或特定社群提供專門的服務，提供個性化服務，
即充分實現以消費者為中心的概念。國內的網路虛擬社群研究
早期多以社會學、傳播學的角度切入，針對單一類型的社群，

探討社群中傳播行為，或者僅探討網路使用行為，但目前以消費者行為為觀點進行研究的數量已逐漸增加；出版學的研究，除了對文本內容部分做深度探究外，對於「閱聽人」的研究，應配合社會變遷的趨勢，做更有意義的結合。因而本研究便希望以「消費者」的觀點看待虛擬社群的行為表現，並期以「體驗行銷」的新世紀行銷觀點，替台灣出版業界提供適合的行銷策略議題。

1.2　研究目的與研究問題

　　近年來，虛擬社群相關研究漸被重視，而虛擬社群之價值在於創造出達到臨界數量之社群成員，並藉由維持其忠誠度來累積社群資產以獲取更大的利益。Schmitt（1999）提出「體驗行銷」的概念，強調體驗行銷的核心，是為顧客創造不同的體驗形式。體驗行銷（Experiential Marketing）是站在消費者的感官（Sense）、情感（Feel）、思考（Think）、行動（Act）、關聯（Relate）等五個面向，重新定義、設計行銷組合的一種思考方式，此種思考方式突破傳統行銷認為消費者都是理性的假設，認為消費者在消費時是理性與感性兼具的，創造消費者在消費前、消費時、消費後的整體經驗，才是體驗行銷的第一要務，必須把宣傳焦點放在引導消費者的消費情境，並且不斷以創意創造出新的行銷方法，才更能符合未來世界的需求。本研究目的在於了解影響網路書店虛擬社群忠誠度的原因，藉由體驗行銷中之「策略體驗模組」，試圖找出不同型態的網站體驗對網路書店虛擬社群的影響，以提供網路書店經營者經營社群及擬定行銷策略之參考。

基於以上研究目的，本研究欲研究的問題如下：

1. 不同之策略體驗模組對網路書店虛擬社群人口特質
   有無影響？

1.3 研究架構與研究假設

本研究之理論架構，主要探討網站策略體驗模組對虛擬社群人口特質之影響，以 Schmitt 在 1999 年提出體驗行銷之策略體驗模組為主體，分別以感官、情感、思考、行動及關聯體驗等五個構面，探討其對虛擬社群人口特質是否產生影響。

本研究之研究架構圖如圖 1-3-1：

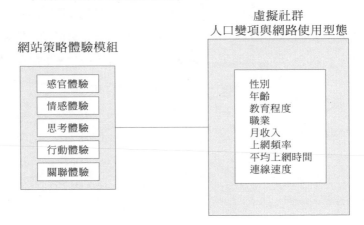

圖 1-3-1　研究架構圖

本研究之研究假設如下：

H： 人口變項與網路使用型態與網路書店虛擬社群網站
體驗有顯著差異。

1.4　研究流程

本研究共分為五章，五個章節內容重點分列於表 1-4-1：

表 1-4-1　各章內容重點

章次	章名	內容重點
第一章	緒論	說明本研究之研究背景與動機、研究目的、研究問題、研究架構、研究假設、研究流程及預期結果
第二章	文獻探討	探討與本研究有關的各種研究背景或依據，以確立研究架構、方法與內容
第三章	研究設計	說明本研究之研究方法與資料蒐集的對象與方式、問卷設計與調查內容、研究限制及資料分析所使用之方法
第四章	結果與討論	針對問卷調查結果予以整理分析，並針對問卷結果進行相關討論
第五章	結論與建議	針對研究結果進行結論，並提出對未來研究之建議

本研究之流程如下（圖 1-4-1）：

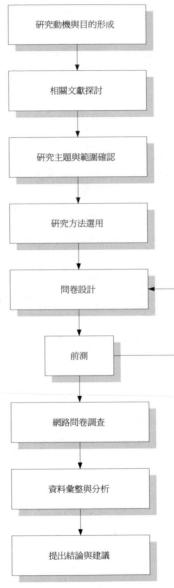

圖 1-4-1　研究流程圖

1.5　名詞解釋

1. 虛擬社群：

　　一群具有共同興趣的人們，透過網際網路等電子媒介，聚集在網路空間中互相分享資源，具有成長性，最終可創造出自己獨特的社會與文化。

2. 體驗行銷：

　　體驗行銷（Experiential Marketing）是從消費者的感官（Sense）、情感（Feel）、思考（Think）、行動（Act）、關聯（Relate）等五個面向，重新定義、設計行銷組合的一種思考方式，此種思考方式有異於傳統行銷。認為消費者在消費時是理性與感性兼具的，它不純然是理性。消費者在消費前、消費時、消費後的整體體驗，乃是體驗行銷的第一要務。

3. 網站策略體驗模組：

（1）感官（Sense）體驗：創造虛擬社群成員知覺刺激，進而引發動機，增添社群之附加價值。

（2）情感（Feel）體驗：提供虛擬社群成員情感交流，加強互動，觸動內在情緒，使其對社群產生情感。

（3）思考（Think）體驗：利用創意的方式，引發虛擬社群成員思考，與解決問題的體驗，促使其對社群重新評估。

（4）行動（Act）體驗：藉由有形體驗，增加虛擬社群成員之互動，進而促使其與生活型態產生關聯。

（5） 關聯（Relate）體驗：透過社群觀點，讓虛擬社群成
員與理想自我、他人或是文化產生關聯，進而建立品
牌關係和品牌社群。

1.6　預期結果

本研究希冀之預期研究貢獻如下：

1. 提出不同型態之網站體驗對網路書店虛擬社群之影
響。

2. 提出網路書店虛擬社群之體驗行銷策略建議。

3. 提供網路書店分眾目標社群之行銷策略參考。

第二章　文獻探討

本章共分為三節，第一小節探討虛擬社群的定義、構成要素、經濟特性及所帶來的報酬遞增；第二小節介紹體驗的意義、體驗經濟的緣起以及體驗行銷的產生；章末一小節為國內外網站體驗與虛擬社群相關研究之文獻整理。

2.1　虛擬社群

近年來，虛擬社群相關研究漸漸被重視，而虛擬社群之價值在於創造出達到臨界數量之社群成員，並藉由維持其忠誠度來累積社群資產以獲取更大的利益。本節將由虛擬社群的定義、構成要素，以及虛擬社群的經濟特性及所形成的動態報酬遞增循環等方面做國內外相關研究之文獻探討。

2.1.1 虛擬社群的定義

虛擬社群是由「社群」演變而來，Mercer（1956）對社群一詞的定義為在特定時間住在特定地理位置的人們，共同分享一種普遍的文化，並且分配在同一個社會架構之下；Webster（1986）對社群的解釋則為：一群住在特定地方或地區，彼此因興趣結合在一起的人們；Taylor（1987）認為社群就是社區中的一群人彼此間具有直接或共同關係；學者 Shore（1994）指出一群在特定地區內彼此交流、分享設施、相互依賴與認同的人們，即稱為社群；Wellman（2001）對社群的概念做了進一步的解釋，將其定義為：一種提供社交能力、資訊、熱情支

持、歸屬感及社會認同的人際互動關係網路。

社群亦可分為以下三個概念來說明：（社區發展季刊，
1995）

1. 重視地理或結構的概念：是一群人共同生活的地區。

2. 重視心理或互動的概念：是人們生活中互相關聯與依
賴的共同體。

3. 重視行動或功能的概念：是人們生活中相互保衛與共
謀福利的集體行動。

隨著電子媒介的發展及之後網際網路的出現，「虛擬社群」
的概念於焉成形，Rheingold（1993）認為虛擬社群是一種藉由
網路，並有足夠的人數持續參與，公開討論和經營，進而在網
路空間產生足夠的情感交流形成關係網路的社會集合體；
Oldenburg 在 1993 年提出了「第三個地方」（The 3rd Place）的
概念，他認為虛擬社群是一個可供社會大眾客觀表現自我思想
及意念的公開虛擬場合；Fernback 和 Thompson（1995）則認
為虛擬社群是一種在網路空間中，經由一次又一次在某個特定
環境中互相接觸，或討論共同興趣主題所衍生出的社會關係；
是一群具有相同特徵的人進行互動，而且會互相影響，就好像
在現實生活中他們也產生互動一樣。（Hill et.al，1995）Turkle
（1997）認為虛擬社群通常都以匿名方式進行交流，很少有實
質上的會面，且大部分的社群互動關係都是具有主題式的；且
虛擬社群成員藉由分享某行為或某主題，彼此分享社交互動、
社交聯繫以及共同的空間，使得社群內部成員能夠共存且彼此
更加親近。（Komito，1998）

　　另有以下幾位學者分別對虛擬社群的定義提出了他們的看法：

　　Hoffman & Novak（1997）：

　　一群有共同想法的人們，以相對於實體世界更快的速度在網路上聚集並經營成長。

　　Romm et.al（1997）：

　　一群人們藉由電子媒介相互溝通而形成一種新的社會現象。

　　Falk（1998）：

　　一個在網路空間中具有與他人共同分享的目標，有穩定程序可持續成長的團體。

　　Shaw et.al（1997）：

　　網路上相互交流資訊的一群人。

　　Hagel & Armstrong（1997）：

　　藉由網際網路把人們聚集在一起，在這個環境中人們可以自由互動，並創造出彼此信賴與互相了解的氣氛。

　　Alder & Christopher（1998）：

　　一個允許有共同興趣的人們透過網路空間來互相交流、溝通及分享資源的空間。

　　Barnatt（1998）：

　　一個依靠非實體互動及無地理限制來維持群體喜好及興趣的共享頻道群體。

● Figallo（1998）：

是一個具有連結性，使人們感到舒服並願意定期回來的地方。

● Kannan（1999）：

一群達到臨界數量的網路使用者因共同興趣或情感，而參與網路討論區討論，或於聊天室與他人互動交流資訊，進而產生的人際關係。

● Brenner（1999）：

藉由架設溝通媒介來建立關係並透過電子工具（討論區、聊天室、e-mail 等）來強化這些關係的一種群體行為。

● William & Cothrel（2000）：

一群具有共同興趣而從事線上多對多互動的人們。

國內近年來也有不少針對虛擬社群的研究定義，蘇芬媛（1996）提出不同網路使用者對網路有「虛擬實境」的感知，且意識到這個虛擬實境中有他人共同存在，它們共享著一套社會規則、語言，即為虛擬社群；廖元禎（1999）認為虛擬社群為一群擁有共同想法與興趣的人，透過網際網路上各種工具為媒介，進行溝通與資源的分享，形成一個社群，這個社群具有成長性，擁有自己的運作規則，同時創造出自己的社會與文化；林致立（2001）認為虛擬社群成員對社群有一定的承諾，且具有共同的規範與傳統。李逸菁（2001）則提出網路使用者一星期至少一次到該虛擬社群網站瀏覽，即可視為該社群網站成員。

虛擬社群一詞最早起源於「社群」，在網際網路等電子媒

介出現之後，才出現了許多不同的「虛擬社群」定義，但由於
此一新興名詞至今仍隨著網際網路的發展而變動，因此本研究
即綜合各家學說，將「虛擬社群」一詞廣泛地解釋為：「一群
具有共同興趣的人們，透過網際網路等電子媒介，聚集在網路
空間中互相分享資源，具有成長性，最終可創造出自己獨特的
社會與文化。」。

　　茲將國內外虛擬社群相關研究之定義依年代順序排列整
理如表 2-1-1：

表 2-1-1　虛擬社群之定義

年份	提出學者	定義
1993	Rheingold	是一種藉由網路，並有足夠的人數持續參與，公開討論和經營，進而在網路空間產生足夠的情感交流形成關係網路的社會集合體
1993	Oldenburg	是一個可供社會大眾客觀表現自我思想及意念的公開虛擬場合，為「第三個地方」（The 3rd Place）
1995	Fernback & Thompson	一種在網路空間中，經由一次又一次在某個特定環境中互相接觸或討論共同興趣主題所衍生出的社會關係
1995	Hill	一群具有相同特徵的人進行互動，而且會互相影響，就好像在現實中他們也產生互動一樣
1996	蘇芬媛	不同網路使用者對網路有「虛擬實境」的感知，且意識到這個虛擬實境中有他人共同存

		在,它們共享著一套社會規則、語言,即為虛擬社群
1997	Hoffman & Novak	一群有共同想法的人們,以相對於實體世界更快的速度在網路上聚集並經營成長
1997	Romm et.al	一群人們藉由電子媒介相互溝通而形成一種新的社會現象
1997	Shaw et.al	網路上相互交流資訊的一群人
1997	Hagel & Armstrong	藉由網際網路把人們聚集在一起,在這個環境中人們可以自由互動,並創造出彼此信賴與互相了解的氣氛
1997	Turkle	線上群體的成員通常都以匿名方式進行交流,很少有實質上的會面,且大部分的社群互動關係都是具有主題式的
1998	Falk	一個在網路空間中具有與他人共同分享的目標,有穩定程序可持續成長的團體
1998	Alder & Christopher	一個允許有共同興趣的人們透過網路空間來互相交流、溝通及分享資源的空間
1998	Komito	線上群體成員藉由分享某行為或某主題,彼此分享社交互動、社交聯繫以及共同的空間,使得群體內部成員能夠共存且彼此更加親近
1998	Barnatt	一個依靠非實體互動及無地理限制來維持群體喜好及興趣的共享頻道群體
1998	Figallo	是一個具有連結性,使人們感到舒服並願意定期回來的地方

1999	廖元禎	一群擁有共同想法與興趣的人，透過網際網路上各種工具為媒介，進行溝通與資源的分享，形成一個社群，這個社群具有成長性，擁有自己的運作規則，同時創造出自己的社會與文化
1999	Kannan	一群達到臨界數量的網路使用者因其共同興趣或情感，而參與網路討論區討論，或於聊天室與他人互動交流資訊，進而產生的人際關係
1999	Brenner	藉由架設溝通媒介來建立關係並透過電子工具（討論區、聊天室、電子郵件等）來強化這些關係的一種群體行為
2000	William & Cothrel	一群具有共同興趣而從事線上多對多互動的人們
2000	李郁菁	個人因興趣或需求在網際空間中互相交流進而發展出人際關係，並組織成一個自發性群體或組織，其透過網際網路在網際空間內利用討論區、聊天室、電子佈告欄、電子郵件等網路媒介互動、交流
2001	李逸菁	網路使用者一星期至少　次到該虛擬社群網站瀏覽，即可視為該社群網站的成員
2001	林致立	一群對特定主題或議題有共同興趣或基於其他動機，透過電腦網路媒介（WWW、BBS、NEWS、GROUP、E-MAIL 等）互動所形成的團體，其成員對社群有一定的承諾，具有共同的規範與傳統

資料來源：本研究整理

2.1.2 虛擬社群的構成要素

　　而構成一個虛擬社群必須具備哪些要素？許多學者均提出了不同的看法：

● 　Baym（1994）：

1. 不同意見表達與溝通的型式（Forms of Expression）：特殊的符號表情、用語等。
2. 個人身份（Identity）：身份的認定是經由簽名檔、暱稱及文章中的自我揭露，經由長時間的溝通，逐漸為其他成員所接受。
3. 相互關係（Relationship）：成員間有的是早已在實體世界具有關係，有的是經由網路媒介而建立關係。
4. 行為規範（Behavior Norms）：管理者和使用者會建立一套社群的行為規範，用來管理不適當的內容。

● 　Roberts（1998）：

1. 凝聚力（Cohesion）：認知屬於該群體，並具所需負之責任。
2. 有效性（Effectiveness）：群體之言論、價值觀或行為規範對成員實體生活的影響程度。
3. 幫助（Help）：成員提供或接受幫助的能力。
4. 關係（Relationship）：成員間的互動關係或友誼。
5. 語言（Language）：創造出特殊的語言使用。
6. 自律（Self-regulation）：社群自我約束的能力。

● Adler & Christopher（1998）：

1. 需求滿足（Need Fulfillment）：社群滿足成員需求的程度。

2. 參與（Inclusion）：鼓勵成員去參與成員間的計劃或活動。

3. 相互影響（Mutual Influence）：成員相互討論議題、造成彼此間影響的程度。

4. 情緒及經驗分享（Shared Emotional Experiences）：分享彼此的經驗與心情。

● Etzioni（1998）：

1. 接近性：成員間有效即時互動的基本環境。

2. 彼此了解：身份認證及行為負責機制。

3. 互動廣播：可向多人發布訊息並獲得回應的機制。

4. 累積共同記憶：獲得及儲存社群間的共同累積經驗。

5. 凝聚總體意識：避免受小團體影響而失去對社群整體的認同。

6. 建立理性機制：建立共同規範與理性的溝通機制。

● Tapscott，Lowy & Ticoll（1998）：

1. 共同的空間。

2. 共同的經驗。

3. 共同的價值。

4. 共同的目的。

5. 共同的語言。

● Hanson（2000）

1. 藉由網際網路作為溝通工具。
2. 具有決定社群成員的規劃。
3. 內容由成員合作產生。
4. 成員的重複使用。

而眾多學者看法中，以 Mole 等人在 1999 年提出的「虛擬社群構成六要素」較為具體，其以「成員之間的歸屬感」（Sense of Belonging）為中心，其餘六大要素分別為：（如圖 2-1-1）

1. 精確且量身訂作的內容（Precisely Tailored Content）。
2. 對該品牌（社群）的認同（Identification with the Brand）。
3. 對其他成員有強烈志同道合的感覺（Awareness of Other Like-minded Users）。
4. 跟其他成員互動的能力（Ability to Interact with Others on Website）。
5. 參與社群發展的機會（Opportunity to Shape the Development of Website）。
6. 參與所產生的共同利益（Mutual Benefits of Participation）。

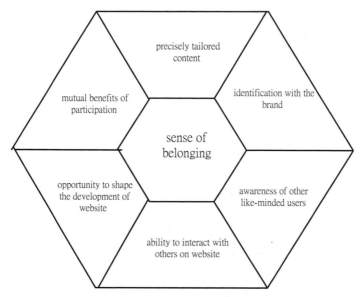

圖 2-1-1　虛擬社群構成六要素

資料來源：C. Mole , M. Mlcahy, K. O`Donnell & A. Gupta
（1999），<u>Making Real Sense of Vitual Communities</u>,
Pricewaterhousecoopers.

2.1.3 虛擬社群的經濟特性

　　Hagel 和 Armstrong（1996）認為，公司建立社群的主要目的是在培養與顧客的關係、建立顧客忠誠度並且瞭解顧客需求。他們並指出虛擬社群一旦成長到臨界點後就會成倍數成長，此時其「經濟價值」才會顯現出來。

　　而虛擬社群的經濟特性可用以下三點來代表：（Shapiro，1998）

1.網路外部性（Network Externality）

所謂網路外部性是指使用者消費所得到的價值或效用，會隨著使用人數的增加，而帶給使用者更多的正面價值或負面困擾；一般而言，網路外部性是正面居多，也就是網路使用總人數愈多，所產生的總價值也就愈高。

Shapiro 並指出了網路外部性的經驗法則：麥考菲法則（Metcalfe's Law）是由 3Com 的創辦人 Bob Metcalfe 率先提出，是指網路總價值的成長幅度相當於使用人數的平方，亦即，網路總價值=（使用人數）^{2}，也就是當有幾個人使用某個網路時，該網路對每位使用者的價值會與其他使用者成正比，所以該網路的總價值為 $n \times (n-1) = n^2 - n \fallingdotseq n^2$；若是該網路使用人數成長 2 倍，則網路總價值會成長 4 倍，以此類推。

人是群聚的動物，會很自然地向人多的地方聚集，虛擬社群即具備了這樣的特性，若能藉由行銷手法吸引新成員加入，並鼓勵成員間增加互動，則人數會愈來愈多，網路價值也隨之增高。

2.正回饋循環（Positive Feedback）

「正回饋」就是強者恆強，弱者恆弱的現象；前述提到的「網路外部性」即是啟動正回饋循環的因素之一，人有從眾性，使用者會傾向選擇較多人所選擇的產品或服務，之後，這些人又會吸引更多人加入，最後形成人數不斷增多的正面良性循環，造成贏家通吃的市場；但若落入惡性循環，弱者恆弱，最終將被市場所淘汰。（如圖 2-1-2）

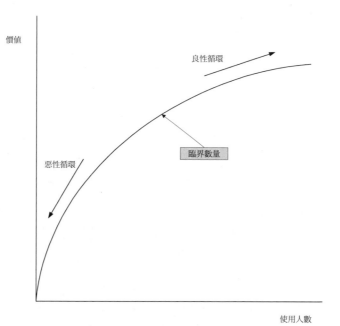

圖 2-1-2　正回饋循環

資料來源：C. Shapiro & H. R. Varian（1998），<u>Information</u>
<u>Rules：A Strategic Guide to The Network Economy</u>, Boston：
Harvard Business School Press.

　　要啟動正回饋循環，必須先讓使用者達到臨界數量，此時
在網路外部性的作用下，網路的總體價值才會顯著提昇。所以
虛擬社群經營者必須注重網路外部性及正回饋循環，努力使社
群人數達到臨界數量，才能朝良性循環發展，反之，亦要當心
勿落入惡性循環，造成社群萎縮慘遭市場淘汰的局面。

3.套牢效果（Lock-in Effect）

Shapiro（1998）認為所謂的「套牢效果」乃指使用者若想轉換為其他品牌的產品或服務時，必須付出相當的成本，這個成本即稱為「轉換成本」；也就是使用者被套牢的程度，若轉換成本愈高，即代表使用者被套牢的程度愈高。轉換成本包括了實質成本和心理成本，實際成本如違約導致的賠償金，學習所需的時間等；另外，如使用者忠誠度等，則為心理成本。

虛擬社群成員可從社群中經由互動產生情感，自然而然地產生一種心理的轉換成本，另外社群成員習慣使用該社群各項服務的操作方式，若要跳槽至其他社群，必然要付出相當的轉換成本。所以社群經營者必須配合忠誠計劃等方式，提高成員的轉換成本，使其繼續留在社群中，致使達到關鍵數量的人數，進而經由網路外部性，啟動正面回饋循環，創造出更高的網路價值。

2.1.4 虛擬社群的報酬遞增

當虛擬社群的成員數逐漸增加，到達關鍵多數的臨界點後，即會產生報酬遞增的現象，此時其利潤及規模均急遽成長。Hagel 及 Armstrong（1997）即指出四個主要會造成虛擬社群產生報酬遞增的動態循環，分別如下：（圖 2-1-3）

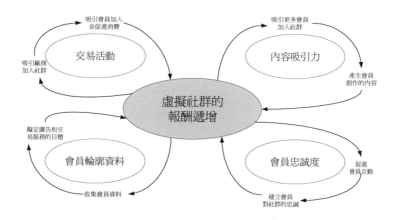

圖 2-1-3　虛擬社群報酬遞增的動態循環

資料來源：J. Hagel & A. G. Armstrong（1997），<u>Net Gain：</u>
<u>Expanding Markets Through Virtual Communities</u>, Harvard
Business School Press.

1.內容吸引力的動態循環

在社群發展初期，社群經營者要注意提供豐富的資訊內容，吸引更多人進入社群，進而加入成為會員，會員人數一旦增多，彼此互動就會增加，上線停留時間也變長，便會產生會員的創作內容，會員愈多，創作的內容也就累積的愈多，社群的內容愈多，也就能吸引愈來愈多人加入。

2.會員忠誠度的動態循環

社群中的人際關係如果更緊密，或社群經營者提供愈多的客製化服務，會員的忠誠度就會愈高，會員的忠誠度提高，就越能參與社群中的論壇，離開社群的可能性也會降低；社群成

員的忠誠度愈高,線上使用的時間愈長與其他成員間的互動也愈頻繁,內容累積的速度也愈快,人際關係也更緊密,進而創造更高的會員忠誠度。

3.會員輪廓資料的動態循環

利用資訊科技可以收集到會員的輪廓資料,詳盡明確的會員輪廓資料可以改善目標性廣告的能力,提升廣告點閱率並招攬更多的廣告商,增加廣告收入;會員輪廓資料可以幫助經營者更了解目標客戶的需求,使其更能提供完善的服務,繼續刺激成員的交易活動。

4.交易活動的動態循環

交易活動可為社群經營者帶來利潤,當社群提供的產品及服務增多時,愈能刺激社群中成員的消費意願,成員的消費意願愈強時,就會吸引更多更好的廠商加入,更多的廠商就會提供更多更好的產品及服務,繼續刺激社群成員的交易活動。

透過以上四個不斷自我增強的動態循環,將會驅使虛擬社群產生正向的報酬遞增,提高虛擬社群的經濟價值。

2.2　體驗行銷

Schmitt 在 1999 年提出「體驗行銷」的概念,相對於傳統行銷,體驗行銷將宣傳焦點放在顧客體驗上,重視消費的情境,認為消費者在消費時,同時會受到理性及感性的影響,強調顧客消費的整體經驗;而在行銷研究上,體驗行銷的分析方法是彈性多元的,有別於傳統行銷只偏重在定量研究上。因此

本節將從體驗的意義，體驗經濟的出現，以及以體驗經濟為基礎的體驗行銷等三方面相關文獻探討如後。

2.2.1 體驗的意義

Abbott（1995）認為所有產品執行的服務只是為了提供一種消費體驗，消費者在意的不是產品本身，而是滿意的體驗，體驗是透過人的內在世界與外在經濟活動間的種種活動來達成。另外隨著科技的日新月異，競爭對手的不斷增加，以及消費者購買能力的提昇，將會改變以服務為主的經濟型態，朝向滿足消費者消費體驗的型態發展。（Owens，2000）體驗是眾多記憶的基礎，而體驗行銷的概念則是將體驗延伸至許多不同的面向。（McLuhan，2000）

2.2.2 體驗經濟

Pine 和 Gilmore 在 1999 年提出了體驗經濟（Experience Economy）的概念，他們認為未來的經濟模式，應該跳脫傳統以大規模生產商品和服務為主形成的規模經濟，過去的低價競爭策略雖受消費者歡迎，但這種競爭機制已經不能夠再保持企業價值及企業利潤的增長，所以應從服務經濟中將體驗抽離出來，消費者在購買產品時，已不單單是購買商品及服務，而是購買過程中所創造出在消費者心中難忘的價值，這種以體驗為主的經濟型態，將是開啟未來經濟成長的鑰匙。

Pine 和 Gilmore 依照不同的經濟價值產出物，將經濟型態分為以下五種：（表 2-2 1）

表 2-2-1 經濟型態的分類

經濟產出 （Economy Offering）	產品 （Commodit ies）	商品 （Goods）	服務 （Services）	體驗 （Experiences）	轉型 （Transformations）
經濟型態 （Economy）	農業經濟 （Agrarian）	工業經濟 （Industrial）	服務經濟 （Service）	體驗經濟 （Ecperience）	轉型經濟 （Transformation）
經濟功能 （Economic Function）	萃取 （Extract）	製造 （Make）	傳遞 （Deliver）	策劃 （Stage）	引導 （Guide）
產出物本質 （Nature of Offering）	易壞的 （Fungible）	有形的 （Tangible）	無形的 （Intangible）	回憶性的 （Memorable）	有效果的 （Effectual）
重要屬性 （Key Attribute）	自然的 （Natural）	標準化的 （Standardized）	客製化的 （Customized）	私人的 （Personal）	個體的 （Individual）
供給方式 （Method of Supply）	大量儲存 （Stored in Bulk）	製造後儲存 （Inventoried after Production）	有需求後才供 給 （Delivered on Demand）	一段時間後才 顯現出 （Revealed ever a Duration）	隨時間持續下去 （Sustained through Time）
賣方 （Seller） 買方 （Buyer）	交易者 （Trader） 市場 （Market）	製造者 （Manufacturer） 使用者 （User/Customer）	提供者 （Provider） 顧客 （Client）	策劃者 （Stager） 來賓 （Guest）	誘導者 （Elicitor） 追求者 （Aspirant）
需求因素 （Factors of Demand）	特性 （Characteri stics）	特徵 （Features）	益處 （Benefits）	感性 （Sensations）	個人特質 （Traits）

資料來源：B. J. Pine & J. H. Gilmore（1999），The Experience
Economy, Harvard Business School Press.

1.產品（Commodities）

　　產品是從自然界發掘和萃取出來的物質,例如:動物、礦物、蔬菜等。產品在市場上交易的價格完全視供需的狀況,所有的產品交易者面對的都是同樣的價格,當需求大於供給時,可觀的利潤便隨之而來,但當供過於求時,就難以獲得利潤了,這種以產品為交易的經濟模式稱為農業經濟（Agrarian Economy）。

2.商品（Goods）

　　以產品當作原料,經過生產的程序成為「商品」,再從商店或以訂貨的方式出售到消費大眾手中。商品是有形的產品,經由生產程序後,產生了許多不同的型式,基於生產成本和商品特性的不同,也就有了差別定價,消費者在乎商品的功能性大於它們是用什麼而製成的,這種以商品為交易的經濟模式稱為工業經濟（Industrial Economy）。對體驗商品來說,商品的重要性已經不只是其商業價值,而是在商品的情感層面對消費者的影響。商品是可觸摸的、服務是可替代的、體驗是可記憶的,體驗商品是融合了感性和理性的個人化商品。（Bassi and Parpagiola,2005）

3.服務（Service）

　　服務是根據已知顧客的需求進行客製化的無形活動,服務提供者以商品為提供服務的手段來替特定的顧客服務,例如理髮和眼科檢查;或者為客戶指定的財產或物品服務,例如修剪

草坪或維修電腦。消費者通常會認為這樣的服務比商品來得有價值，商品只是媒介，正因為如此，消費者通常無法發現商品的差異化，最後商品仍不可避免地和產品一樣，面臨低價競爭，最後掉入了商品化陷阱（Commoditization Trap），這種以服務為交易的經濟模式稱為服務經濟（Service Economy）。

4.體驗（Experience）

一旦一個公司欲以服務作為舞台，商品作為道具，使消費者融入其中，此時「體驗」就出現了，體驗策劃者不再僅僅提供商品或服務，而是提供最終的體驗，這些體驗充滿了感性的力量，給消費者留下了難忘的愉悅記憶，體驗是當一個人的情緒、體力、智力甚至是精神達到某一特定程度時，他所意識到的美好感覺，沒有兩個人可以獲得完全相同的體驗經歷，所以體驗是使每個人以個性化的方式參與其中的事件，行銷者應針對不同的消費族群創造不同的個人化體驗。（Medialive international，2004）這種以體驗為交易的經濟模式即稱為體驗經濟（Experience Economy）。

5.轉型（Transformation）

體驗並不是最終的經濟產出物，體驗提供者如果不思考體驗對消費者的影響，那麼終究還是會掉入商品化的陷阱中，若想避開這陷阱，就必須為消費者「量身訂製」體驗，這個動作即稱為「轉型」，在體驗之上建構轉型，就如同在服務之上建構體驗，如圖 2-2-1 所示，轉型是獨立的經濟產出物，是經濟價值進步的第五個，也是最後一個方案；轉型只能被引導，不

能被萃取、製造甚至展示，轉型使個人或團體產生了改變，在
轉型經濟（Transformation Economy）中，顧客就是商品，引
導轉型必須先分析顧客的需求，然後為其創造客製化的體驗，
最後這體驗還必須經過時間的考驗，才算是真正的轉型。Adele
Gautier 在 2004 年根據近期的行銷研究指出，71%的美國及英
國的公司管理階層同意「顧客體驗」在行銷戰役中將是下一個
大的戰場。

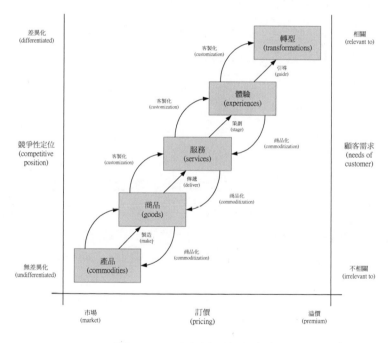

圖 2-2-1　經濟價值的演進

資料來源：B. J. Pine & J. H. Gilmore（1999），<u>The Experience
Economy</u>, Harvard Business School Press.

　　王鉬（2000）根據 Pine 和 Gilmore（1999）的五種經濟型態分類，認為虛擬社群具有體驗經濟的型態，因為虛擬社群以有效的資訊，客製化的服務，互動的工具以及產品的提供作為道具，在網際網路上架設出一個分享的空間，社群成員使用社群內提供的產品和服務而得到難忘的體驗，這些體驗會促使社群成員不斷地造訪社群。他認為轉型經濟則是虛擬社群的未來發展方向，其提供虛擬社群經營者四點建議，加強虛擬社群目前並不具獨特性的體驗，以創造更高的價值：

1.　混合不同的體驗型態，描繪出新的體驗。

2.　以有效的方式籌劃體驗事件。

3.　回憶的保存。

4.　接觸顧客，貼近需求。

2.2.3 體驗行銷

　　Schmitt（1999）提出「體驗行銷」的概念，強調體驗行銷的核心，是為顧客創造不同的體驗形式。體驗行銷（ Experiential Marketing ）是從消費者的感官（Sense）、情感（Feel）、思考（Think）、行動（Act）、關聯（Relate）等五個面向，重新定義、設計行銷組合的一種思考方式，此種思考方式有異於傳統行銷。認為消費者在消費時是理性與感性兼具的，它不純然是理性。消費者在消費前、消費時、消費後的整體體驗，才是體驗行銷的第一要務，必須把宣傳焦點放在引導消費者的消費情境，並且不斷以創意創造出新的行銷方法，才更能符合未來世界的需求。Schmmit 根據 ADK 在 2001 及 2002

年的調查指出，愈高比重的體驗行銷策略，不論用在電視廣告、店頭市場及網站，均會正向影響消費者的正向態度及高購買意願。其在 2003 年更進一步提出了顧客體驗管理（Customer Experience Management；CEM）的概念，他認為 CEM 是一種策略性的過程，用來管理消費者對產品或對公司的全面性經驗。CEM 更是一種品牌觀點，著重於如何使公司和其產品與消費者的日常生活產生關聯，好的 CEM 可以增進消費者對公司的價值感和品牌忠誠度。CEM 不是一種無形的商業哲學，而是一種實用的管理工具，提供行銷者如何提高顧客體驗及增進公司商業價值。CEM 是一種從傳統行銷和管理方法產生出的新典範，它提供了行銷者分析及創新的觀點去洞察消費者，以及一種實用的工具來增加顧客價值。

John Palumbo（2004）將體驗行銷定義為下列二項：

1.　增加一層「體驗」至你的傳統行銷組合中，把「品牌」放入消費者的生活中，讓消費者可以「觸摸（touch）」、「感覺（feel）」、「品嘗（taste）」、「把玩（play）」、「聆聽（hear）」、「使用（use）」它。

2.　體驗行銷是一座「橋樑」連結「品牌」和消費者的「真實生活」。

Francesca Bassi 和 Lucia Parpagiola（2005）則認為體驗行銷是一種行銷者為了增進消費者對商品及服務的消費經驗，所提供的一種行銷新面向。消費者不僅止於滿足於產品的功能特性，更需要尋找一種體驗。體驗行銷雖是一種革新的行銷面向，但也必須從傳統行銷基礎去發展。

Schmitt（1999）將不同的體驗形式視為策略體驗模組（SEMs，Strategic Experiential Modules），且每個策略體驗模組均有其不同的結構與行銷原則，包括感官體驗（Sense）、情感體驗（Feel）、思考體驗（Think）、行動體驗（Act）、關聯體驗（Relate）等五個體驗模組，如表 2-2-2 所列：

表 2-2-2　策略體驗模組

策略體驗模組	定義
感官體驗（Sense）	透過視覺、聽覺、嗅覺、觸覺及味覺等五大感官訴求，創造知覺刺激，進而引發消費者動機，增加產品附加價值
情感體驗（Feel）	觸動消費者內在的情感和情緒，使其對公司品牌產生情感
思考體驗（Think）	鼓勵消費者從事創意思考，促使他們對企業與產品進行重新評估
行動體驗（Act）	創造與身體，較長期的行為模式與生活型態相關的體驗，同時也包括與他人互動所發生的體驗
關聯體驗（Relate）	超越個人的感官、情感、思考與行動，將個人與反射於一個品牌中較廣的社會與文化環境產生關聯

資料來源：B. H.Schmitt（1999），Experiential Marketing: How to Get Customers to Sense, Feel, Think, Act, and Relate to Your Company and Brands, NY: Free Press.

下列學者亦對體驗行銷，提出下列研究結果：

● 　Adele Gautier（2003）：

傳統行銷用「電視」來創造品牌與消費者的連結，而在未來，則用「體驗行銷」來創造消費者對品牌的感性連結，電視媒體只會變為用來提醒消費者品牌的「存在」，而其他媒體則會創造真正的「銷售行為」。

● 　Slater（2003）：

體驗行銷的最高境界在於——一但你得到了消費者的共鳴而對品牌產生忠誠度，「購買」會成為一種感性的行為，他們會持續不斷地購買，產生最大的顧客價值。

● 　Jim Gilmore（2004）：

1. 　應從傳統行銷出發。

2. 　採用內部研發人員的創新行銷策略，而不必依靠外來的行銷公司。

3. 　創造一連串的體驗，而非單一體驗。

● 　Jackie Huba（2004）：

1. 　停止單向的「促銷」活動，開始雙向地「教育」消費者。

2. 　創造免費的宣傳活動—口碑行銷。

3. 　把焦點放在長期的顧客忠誠度。

4. 　注重顧客意見回饋。

2.3 網站體驗與虛擬社群

　　Bressler 和 Grantham（2000）認為社群經營將是網路商業模式的主流；而社群模式的經營是建立於成員的忠誠度而不是網路流量上。（Afuah et.al，2001）Kotha（1998）在針對 Amazon.com 的個案研究中亦發現，經營社群不但可以先佔優勢，並可建立與提升顧客的忠誠度，也能提高顧客的再訪率。網站透過虛擬社群的形成，可滿足消費者溝通資訊及娛樂的需求，社群的凝聚力可使資訊累積速度加快，增進使用者上站意願，進而維繫網站忠誠度。因此，成功的線上商場，必須滿足多重的社交及商業需求，企業應建立起線上的虛擬社群，並藉由此一模式所提供的各式服務，來設置社群成員跳槽的障礙，進而建立起忠誠度，最終獲得經濟上的回饋。（Hagel & Armstrong，1997）

　　Shuler 對 800 位樣本作體驗行銷網路調查研究,得到下列結果：

1. 體驗行銷會增進購買意願

2. 體驗行銷型態的廣告更能吸引消費者

3. 體驗行銷加強品牌認知

4. 體驗行銷策略對女性消費者更為有效

5. 體驗行銷策略加強 Y 世代消費者購買意願

6. 體驗行銷策略在不同的消費性產品上都有其功效

7. 面對面的銷售體驗在體驗行銷策略中相當重要

　　Shuler 強調 1.要加強對女性及 Y 世代（18-23 歲）消費者的體驗行銷比重　2.將體驗行銷與傳統行銷策略混合使用　2.加強銷售員的專業知識，以利與消費者互動（Shuler，2004）

　　Bigham 對 2,574 位樣本作體驗行銷網路調查研究,得到下列結果：

1.　體驗行銷可用於不同性別、年齡、種族
2.　70%消費者認為體驗行銷會增進購買考量
3.　66%消費者認為體驗行銷強烈影響他們對品牌及產品的選擇
4.　57%消費者認為體驗行銷會增進購買意願
5.　90%消費者希望行銷者能提供有關於產品的詳細資訊
6.　消費者認為透過「看」和「試用」是最有效的方法來獲得產品資訊
7.　80%得到行銷體驗的消費者，會再告訴他們的朋友
8.　70%認為透過現場的體驗會加強他們對品牌的認識

　　Bigham 認為行銷人員應使用體驗行銷策略來增進消費者對品牌的認知（Bigham，2005）

　　在上一節文獻中提到虛擬社群具有體驗經濟的型態，轉型經濟則是其未來可以發展的方向；社群成員使用社群內提供的產品和服務而得到難忘的體驗,且這些體驗會促使社群成員不斷地造訪社群。（王鈿，2000）Todd McCauley（2005）在其網路使用者研究中，將網站體驗定義為：使用者「感覺（feel）」、「關聯（relate）」和「涉入（involve）」網站的程度。Schmitt（1999）則在提出體驗行銷的觀點時，認為來自感官、情感、

思考、行動、關聯等五種策略體驗模組為體驗行銷之基礎策略，必須搭配其戰術工具—「體驗媒介」，才能達到創造體驗的策略目標，體驗媒介包括溝通、視覺及口語的識別、產品呈現、共同建立品牌、空間環境、人及網站與電子媒體等，企業應視其組織需求選擇適合的體驗媒介，而網路媒介以其引以為傲的互動能力，在電子商務環境中，儼然成為最適合與策略體驗模組共同創造策略體驗目標。因此社群網站在社群經營方面必須提供給虛擬社群多面向的網站體驗，以提高成員忠誠度。

第三章　研究設計

　　本章之目的在詳細說明本研究設計的過程及執行的方法，並根據第二章相關文獻探討，提出概念性研究架構與研究假設。全章共分八節：第一節，根據文獻探討提出研究架構；第二節，依據理論與文獻整理，推導研究假設；第三節，針對研究變數進行定義及操作化；第四節，說明問卷結構設計與計分方式；第五節，進行問卷前測及修訂；第六節，問卷調查方法及抽樣；第七節，列出本研究所受之限制；章末一節，介紹本研究所使用的資料分析方法。

3.1 研究架構

　　本研究之理論架構，乃根據研究目的及參考相關文獻後提出，主要探討網站策略體驗模組對虛擬社群之影響，以 Schmitt 在 1999 年提出體驗行銷之策略體驗模組為主體，分別以感官、情感、思考、行動及關聯體驗等五個構面，探討其與虛擬社群人口變項與網路使用型態是否產生影響。

　　本研究之研究架構圖，見圖 3-1-1：

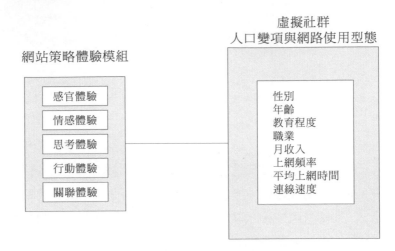

圖 3-1-1　本研究架構圖

3.2　研究假設

　　本研究之主要目的，是探討網路書店虛擬社群不同的人口變項及網路使用型態，是否與不同型態的網站體驗產生差異。

　　根據相關文獻探討，參照本研究之架構後，提出下列研究假設：

H：　人口變項與網路使用型態與網路書店虛擬社群網站體驗有顯著差異。

H-1	性別與網路書店虛擬社群網站感官體驗有顯著差異
H-2	性別與網路書店虛擬社群網站情感體驗有顯著差異
H-3	性別與網路書店虛擬社群網站思考體驗有顯著差異
H-4	性別與網路書店虛擬社群網站行動體驗有顯著差異

H-5	性別與網路書店虛擬社群網站關聯體驗有顯著差異
H-6	年齡與網路書店虛擬社群網站感官體驗有顯著差異
H-7	年齡與網路書店虛擬社群網站情感體驗有顯著差異
H-8	年齡與網路書店虛擬社群網站思考體驗有顯著差異
H-9	年齡與網路書店虛擬社群網站行動體驗有顯著差異
H-10	年齡與網路書店虛擬社群網站關聯體驗有顯著差異
H-11	教育程度與網路書店虛擬社群網站感官體驗有顯著差異
H-12	教育程度與網路書店虛擬社群網站情感體驗有顯著差異
H-13	教育程度與網路書店虛擬社群網站思考體驗有顯著差異
H-14	教育程度與網路書店虛擬社群網站行動體驗有顯著差異
H-15	教育程度與網路書店虛擬社群網站關聯體驗有顯著差異
H-16	職業與網路書店虛擬社群網站感官體驗有顯著差異
H-17	職業與網路書店虛擬社群網站情感體驗有顯著差異
H-18	職業與網路書店虛擬社群網站思考體驗有顯著差異
H-19	職業與網路書店虛擬社群網站行動體驗有顯著差異
H-20	職業與網路書店虛擬社群網站關聯體驗有顯著差異
H-21	月收入與網路書店虛擬社群網站感官體驗有顯著差異
H-22	月收入與網路書店虛擬社群網站情感體驗有顯著差異

H-23	月收入與網路書店虛擬社群網站思考體驗有顯著差異
H-24	月收入與網路書店虛擬社群網站行動體驗有顯著差異
H-25	月收入與網路書店虛擬社群網站關聯體驗有顯著差異
H-26	上網頻率與網路書店虛擬社群網站感官體驗有顯著差異
H-27	上網頻率與網路書店虛擬社群網站情感體驗有顯著差異
H-28	上網頻率與網路書店虛擬社群網站思考體驗有顯著差異
H-29	上網頻率與網路書店虛擬社群網站行動體驗有顯著差異
H-30	上網頻率與網路書店虛擬社群網站關聯體驗有顯著差異
H-31	平均上網時間與網路書店虛擬社群網站感官體驗有顯著差異
H-32	平均上網時間與網路書店虛擬社群網站情感體驗有顯著差異
H-33	平均上網時間與網路書店虛擬社群網站思考體驗有顯著差異
H-34	平均上網時間與網路書店虛擬社群網站行動體驗有顯著差異
H-35	平均上網時間與網路書店虛擬社群網站關聯體驗有顯著差異
H-36	連線速度與網路書店虛擬社群網站感官體驗有顯著差異
H-37	連線速度與網路書店虛擬社群網站情感體驗有顯著差異
H-38	連線速度與網路書店虛擬社群網站思考體驗有顯著差異
H-39	連線速度與網路書店虛擬社群網站行動體驗有顯著差異
H-40	連線速度與網路書店虛擬社群網站關聯體驗有顯著差異

3.3　變數定義及操作化衡量變項

　　本節將針對本研究架構中每一項構念，參考國內外相關文獻，進行變數定義及操作化，並針對虛擬社群使用網路書店的實際情境加以適當修改，各變數定義及操作化衡量變項說明如下：

3.3.1 感官體驗

　　Schmitt（1999）提出體驗行銷的概念，分為感官、情感、思考、行動和關聯等五種體驗形式，其中感官體驗定義為：透過視覺、聽覺、嗅覺、觸覺及味覺等五大感官訴求，創造知覺刺激，進而引發消費者動機，增加產品附加價值；而後楊聖慧（2000）的虛擬社群體驗行銷經營模式之研究，加入了「網站體驗媒介」因素；本研究綜合兩者後提出「感官體驗」之變數定義為：「創造虛擬社群成員知覺刺激，進而引發動機，增添社群之附加價值。」。

　　在操作化方面，本研究參考自 Schmitt（1999）、李郁菁（2000）、林佩儀（2000）、林姿妙（2001）、洪世揚（2001）等相關研究後提出感官體驗之操作化衡量變項。彙整為表 3-3-1。

表 3-3-1　感官體驗之變數定義及操作化衡量變項參考來源

構念	變數定義	操作化衡量變項	參考來源
感官體驗	創造虛擬社群成員知覺刺激，進而引發動機，增添社	●官能感 ●廣告訊息 ●網站品牌區別	Schmitt（1999）

	群之附加價值	●網站風格	李郁菁（2000）
		●頁面編排	林佩儀（2000） 林姿妙（2001）
		●導覽架構設計 ●使用者介面	洪世揚（2001）

3.3.2 情感體驗

　　Schmitt（1999）對情感體驗的定義為：觸動消費者內在的情感和情緒，使其對公司品牌產生情感；而楊聖慧（2000）的虛擬社群體驗行銷經營模式之研究，加入了「網站體驗媒介」因素；本研究綜合兩者後提出「情感體驗」之變數定義為：「提供虛擬社群成員情感交流，加強互動，觸動內在情緒，使其對社群產生情感。」。

　　本研究情感體驗之操作化衡量變項，參考自 Schmitt（1999）、Sindell（2000）、何茂華（2001）、陳俊良（2002）、胡嘉彬（2002）等相關研究後提出。彙整為表 3-3-2。

表 3-3-2　情感體驗之變數定義及操作化衡量變項參考來源

構念	變數定義	操作化衡量變項	參考來源
情感 體驗	提供虛擬社群成員情感交流，加強互動，觸動內在情緒，使其對社群產生情感	●激發情緒反應	Schmitt （1999）
		●客製化服務	Sindell（2000）
		●解決困難	Sindell（2000）
		●情感交流	何茂華（2001）
		●抒發個人情感 ●得到情感支持	劉智華（2001）

		●提供意見參考 ●安全感	李明仁（2001）
		●售後服務	陳俊良（2002）
		●關心需求	胡嘉彬（2002）

3.3.3 思考體驗

　　Schmitt（1999）提出思考體驗的定義為：鼓勵消費者從事創意思考，促使他們對企業與產品進行重新評估；而楊聖慧（2000）的虛擬社群體驗行銷經營模式之研究，加入了「網站體驗媒介」因素；本研究綜合兩者後提出「思考體驗」之變數定義為：「利用創意的方式，引發虛擬社群成員思考，與解決問題的體驗，促使其對社群重新評估。」。

　　在操作化方面，參考自 Schmitt（1999）、Sindell（2000）、李郁菁（2000）等相關研究後提出思考體驗之操作化衡量變項。彙整為表 3-3-3。

表 3-3-3　思考體驗之變數定義及操作化衡量變項參考來源

構念	變數定義	操作化衡量變項	參考來源
思考 體驗	利用創意的方式，引發虛擬社群成員思考，與解決問題的體驗，促使其對社群重新評估	●趣味性 ●引發創意思考	Schmitt （1999）
		●分眾社群	Sindell（2000）
		●資訊分類恰當 ●資訊內容豐富 ●資訊流通快速 ●資訊專業性	李郁菁（2000）

3.3.4 行動體驗

Schmitt（1999）對行動體驗的定義為：創造與身體，較長期的行為模式與生活型態相關的體驗，同時也包括與他人互動所發生的體驗；而楊聖慧（2000）的虛擬社群體驗行銷經營模式之研究，加入了「網站體驗媒介」因素；本研究綜合兩者後提出「行動體驗」之變數定義為：「藉由有形體驗，增加虛擬社群成員之互動，進而促使其與生活型態產生關聯。」。

在操作化方面，參考自 Schmitt（1999）、Sindell（2000）、李明仁（2001）等相關研究後提出行動體驗之操作化衡量變項。彙整為表 3-3-4。

表 3-3-4　行動體驗之變數定義及操作化衡量變項參考來源

構念	變數定義	操作化衡量變項	參考來源
行動體驗	藉由有形體驗，增加虛擬社群成員之互動，進而促使其與生活型態產生關聯	●會員註冊機制 ●線上活動 ●促銷活動	Schmitt（1999）
		●試用功能 ●查詢功能 ●線上交易機制 ●個人化機制 ●線上輔助功能 ●訂閱電子報機制 ●線上回饋機制	Sindell（2000）
		●網友互動機制	李明仁（2001）

3.3.5 關聯體驗

Schmitt（1999）對關聯體驗的定義為：超越個人的感官、情感、思考與行動，將個人與反射於一個品牌中較廣的社會與文化環境產生關聯；而楊聖慧（2000）的虛擬社群體驗行銷經營模式之研究，加入了「網站體驗媒介」因素；本研究綜合兩者後提出「關聯體驗」之變數定義為：「透過社群觀點，讓虛擬社群成員與理想自我、他人或是文化產生關聯，進而建立品牌關係和品牌社群。」。

本研究關聯體驗之操作化衡量變項，參考自 Schmitt（1999）、李郁菁（2000）、李明仁（2001）等相關研究後提出。彙整為表 3-3-5。

表 3-3-5　關聯體驗之變數定義及操作化衡量變項參考來源

構念	變數定義	操作化衡量變項	參考來源
關聯體驗	透過社群觀點，讓虛擬社群成員與理想自我、他人或是文化產生關聯，進而建立品牌關係和品牌社群	●關聯性 ●社會規範 ●認同感 ●文化價值 ●社會識別 ●歸屬感	Schmitt（1999）
		●品牌知名度	李郁菁（2000）
		●品牌社群 ●品牌形象	李明仁（2001）

茲將本研究各項構念操作化參考量表及對應題項代號整理如表 3-3-6：

表 3-3-6　變數操作化彙整

構念	操作化參考量表	題項代號	前測對應題項
感官體驗	Schmitt（1999）	s2、s3、s4、s5、s6、s10	第一部份，第 2-6、10 題
	李郁菁（2000）	s7	第一部份，第 7 題
	林佩儀（2000）	s8	第一部份，第 8 題
	洪世揚（2001）	s1、s11	第一部份，第 1、11 題
	林姿妙（2001）	s9	第一部份，第 9 題
情感體驗	Schmitt（1999）	f1、f2	第二部份，第 1-2 題
	Sindell（2000）	f7、f12	第二部份，第 7、12 題
	劉智華（2001）	f3、f5、f6	第二部份，第 3、5、6 題
	何茂華（2001）	f4、f9	第二部份，第 4、9 題
	李明仁（2001）	f8、f10	第二部份，第 8、10 題
	陳俊良（2002）	f11	第二部份，第 11 題
	胡嘉彬（2002）	f13	第二部份，第 13 題
思考體驗	Schmitt（1999）	t1、t2	第三部份，第 1-2 題
	Sindell（2000）	t5	第三部份，第 5 題
	李郁菁（2000）	t3、t4、t6、t7、t8、t9、t10	第三部份，第 3-4、6-8、9-10 題

行動體驗	Schmitt（1999）	a10、a13、a14	第四部份，第 10、13、14 題
	Sindell（2000）	a1 、 a2 、a6 、 a7 、a8 、 a9 、a11、a12	第四部份，第 1-2、6-9、11-12 題
	李明仁（2001）	a3、a4、a5	第四部份，第 3-5 題
關聯體驗	Schmitt（1999）	r6、r7、r8、r9、r10、r11	第五部份，第 6-11 題
	李郁菁（2000）	r2、r3	第五部份，第 2-3 題
	李明仁（2001）	r1、r4、r5	第五部份，第 1、4、5 題

3.4　問卷結構設計與計分方式

本研究採問卷調查方式，並根據研究目的與研究架構來發展問卷，以下分別就問卷之結構設計、衡量尺度與計分方式進行說明。

3.4.1 問卷結構設計

本研究問卷採封閉式問項結構設計，便於資料量化與統計分析，共分為六大部份，採用順序尺度與名目尺度兩種尺度做為衡量工具。

3.4.2 體驗問項

本研究之體驗問項,於變數及操作性定義確定後,即依照網路書店實際使用情形修改後提出,共分為五大部份,分別為:

1.第一部份:感官體驗問項

共 11 題,採 Likert 5 點尺度,由「非常不同意」、「不同意」、「沒意見」、「同意」到「非常同意」,共分為五個等級供受測者填答,詳細問卷問項列於下表 3-4-1。

表 3-4-1　感官體驗問項

題號	問卷問項
01	該網路書店操作介面友善,方便瀏覽資訊
02	該網路書店名稱令人印象深刻
03	該網路書店的動畫效果具吸引力
04	該網路書店的聲音配樂具吸引力
05	該網路書店的網頁配色具吸引力
06	該網路書店的圖片配置具吸引力
07	我喜歡該網路書店的設計風格
08	該網路書店文字與圖片的比例適中
09	該網路書店網頁內容所採用的字型大小和格式清晰可讀
10	我會常常注意到該網路書店上的廣告
11	該網路書店的整體導覽架構清楚明瞭

2.第二部份：情感體驗問項

　　共 13 題，採 Likert 5 點尺度，由「非常不同意」、「不同意」、「沒意見」、「同意」到「非常同意」，共分為五個等級供受測者填答，詳細問卷問項列於下表 3-4-2。

表 3-4-2　情感體驗問項

題號	問卷問項
01	該網路書店的宣傳訴求會激發我的情緒反應
02	該網路書店營造的氣氛讓我覺得身在其中
03	上該網路書店可以讓我暫時忘記課業或工作上的煩惱
04	上該網路書店可以找到共同興趣的人互相交流
05	該網路書店的網友常提供我一些情感上的支持
06	上該網路書店可以抒發個人情感
07	當遇到網路功能操作困難時，均可得到良好回應
08	我會參考該網路書店網友的意見
09	該網路書店對於使用者個人資料有良好的隱私保護政策，讓人有安全感而不擔心
10	該網路書店線上交易安全性令人感到安心
11	該網路書店的售後服務良好（退換書服務）
12	該網路書店針對顧客需求提供個人化的服務和資訊內容（推薦書單），使我覺得受到尊重
13	該網路書店會主動關心使用者的需求與喜好

3.第三部份：思考體驗問項

共 10 題，採 Likert 5 點尺度，由「非常不同意」、「不同意」、「沒意見」、「同意」到「非常同意」，共分為五個等級供受測者填答，詳細問卷問項列於下表 3-4-3。

表 3-4-3　思考體驗問項

題號	問卷問項
01	該網路書店內容多元、饒富趣味
02	該網路書店所舉辦的活動或遊戲充滿新意，可以激發使用者創意思考
03	該網路書店的圖書資訊內容豐富
04	該網路書店的相關內容更新快速
05	該網路書店設有特殊的主題討論區（如知名作家或熱門書籍的專屬討論區）
06	該網路書店有許多專業人士在主題討論區
07	該網路書店的電子報內容豐富
08	該網路書店討論區的資訊流通快速
09	該網路書店的書籍分類方式很恰當
10	該網路書店有專業人士的專欄或書評

4.第四部份：行動體驗問項

共 14 題，採 Likert 5 點尺度，由「非常不同意」、「不同意」、「沒意見」、「同意」到「非常同意」，共分為五個等級供受測者填答，詳細問卷問項列於下表 3-4-5。

表 3-4-5　行動體驗問項

題號	問卷問項
01	我願意使用該網路書店的書籍查詢功能
02	我願意使用該網路書店的線上交易功能
03	我願意使用該網路書店的討論區功能
04	我願意使用該網路書店的留言版功能
05	我願意使用該網路書店的聊天室功能
06	我願意使用該網路書店的個人化功能（如個人首頁、我的書單等）
07	我願意使用該網路書店的線上輔助功能
08	我願意使用該網路書店的書摘內容試閱功能
09	我願意使用該網路書店的訂單查詢功能
10	我願意註冊成為該網路書店的會員
11	我願意參加該網路書店所做的讀者意見調查
12	我願意訂閱該網路書店的電子報
13	我願意參加該網路書店所舉辦的線上活動（徵文、抽獎、遊戲等）
14	我願意參加該網路書店所舉辦的促銷活動（減價、電子折價券等）

5.第五部份：關聯體驗問項

共 11 題，採 Likert 5 點尺度，由「非常不同意」、「不同意」、「沒意見」、「同意」到「非常同意」，共分為五個等級供受測者填答，詳細問卷問項列於下表 3-4-6。

表 3-4-6　關聯體驗問項

題號	問卷問項
01	該網路書店是由知名的出版社或實體書店所成立的
02	該網路書店的知名度高、規模較大
03	該網路書店的品牌形象良好
04	該網路書店有知名作家的專屬討論區（如金庸、村上春樹等）
05	該網路書店有熱門書籍的專屬討論區（如失戀雜誌、哈利波特等）
06	該網路書店讓我感受到我與其他網友是同一個團體
07	該網路書店的經營氣氛或風格具有某種社會規範
08	該網路書店會讓使用者有一種認同感
09	常上該網路書店可以提升文化水準
10	加入該網路書店會員可享有會員專屬服務
11	加入該網路書店會員可與其他網友增加關聯

3.4.3 人口與網路使用型態問項

　　本研究問卷之第六部份分為人口統計變數及網路使用型態變數兩部份，並以名目尺度做為衡量尺度。

1.人口統計變數

（1）性別

　　分為「男性」、「女性」兩組。

（2）年齡

　　參考自 2000 年台灣地區圖書雜誌出版市場調查報告，其中「2000 年國人圖書、雜誌之閱讀習慣與消費行為調查問卷」之年齡問項，修改為「14 歲以下」、「15~19 歲」、「20~24 歲」、「25~29 歲」、「30~39 歲」、「40~49 歲」、「50~59 歲」、「60 歲以上」，共 7 個組別。

（3）教育程度

　　參考自 2000 年台灣地區圖書雜誌出版市場調查報告，其中「2000 年國人圖書、雜誌之閱讀習慣與消費行為調查問卷」之教育程度問項，分為「國（初）中或以下」、「高中（職）」、「專科」、「大學院校」、「研究所或以上」，共 5 個組別。

（4）職業

　　參考自 2000 年台灣地區圖書雜誌出版市場調查報告，其中「2000 年國人圖書、雜誌之閱讀習慣與消費行為調查問卷」之職業問項，分為「金融、保險及不動產業」、「法律及工商服務業」、「教育、學術、傳播」、「商業（批發、零售、餐旅業）」、「製造業」、「水電燃氣業」、「營造業」、「運輸、倉儲及通信業」、「軍警及公務員」、「農林漁牧業」、「礦業及土石採取業」、「學生」、「家庭管理」、「退休人員」、「其他」，共 15 個組別。

（5）月收入

　　以 20,000 元為一單位，依序累加，分為「20,000 元以下」、「20,001~40,000 元」、「40,001~60,000 元」、「60,001~80,000 元」、「80,001~100,000 元」、「100,000 元以上」，共 6 個組別。

2.網路使用型態變數

（1）上網頻率

依上網頻率低到高，分為「幾個禮拜一次」、「一個禮拜一次」、「二、三天一次」、「每天」，共 4 個組別。

（2）平均上網時間

依平均上網時間少到多，分為「60 分鐘以下」、「61~120 分鐘」、「121~180 分鐘」、「181 分鐘以上」，共 4 個組別。

（3）連線速度

依連線速度快慢，分為「寬頻網路（T1~T3 專線，ADSL，有線電視上網，學校網路）」、「窄頻網路（一般電話撥接）」，共 2 個組別。

3.4.4 計分方式

第一部份到第五部份採用 Likert 5 點尺度，由「非常不同意」、「不同意」、「沒意見」、「同意」到「非常同意」，共分為五個等級供受測者填答，使用正向計分方式，分別給予 1 分、2 分、3 分、4 分、5 分的分數。

第六部份亦採正向計分方式，根據各題項之選項分別給予從 1 分開始，間隔為 1 分的正向分數。

3.5 問卷前測與修訂

本研究為刪除不適當之題項及簡化問卷量表，在問卷設計完成後，針對研究母體，以便利抽樣方式，抽取 50 名網路書店虛擬社群成員進行前測。再將前測所得之有效問卷，用因素

分析法（Factor Analysis）進行效度檢定，而後使用 Cronbach's
α值進行各構面及量表總信度的檢定，刪除不適用題項，最後
修訂為本研究正式問卷量表。

　　前測時間：91 年 7 月 22 日 00:00 至 91 年 7 月 25 日 24:00

　　前測對象：網路書店虛擬社群成員

　　抽樣方式：以便利抽樣（Convenience Sampling）方式抽

　　　　　　　取 50 名（南華大學出版學研究所 40 名研究

　　　　　　　生，文化大學資訊傳播研究所 10 名研究生）

　　　　　　　網路書店虛擬社群成員進行前測。

　　調查方式：以電子郵件方式通知受測者參加前測，並使

　　　　　　　用網路表單問卷方式，供受測者上網填寫。

　　　　　　　（附錄一）

　　回收狀況：共回收 40 份問卷，回收率 80%，其中 4 份因

　　　　　　　漏填成為無效問卷而刪除，有效問卷 36 份，

　　　　　　　問卷回收有效率為 90%。

　　茲將本研究前測問卷資料分析程序說明如圖 3-5-1

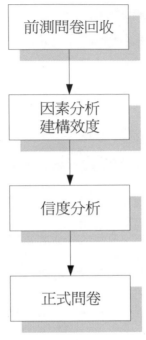

圖 3-5-1　前測問卷資料分析程序圖

3.5.1 效度分析

　　效度是指能夠測量預期測量的對象，變數的操作型定義適合於其構念的程度。(Wimmer & Dominick，1991) 本研究各構面題項均參考自相關文獻，且視網路書店虛擬社群成員實際使用情形修改後提出，具有良好的內容效度 (Content Validity) 和表面效度 (Face Validity)。但兩者皆建立於「判斷」之上，不具客觀性，所以本研究在進行前測後，進一步採用因素分析進行構念效度 (Construct Validity) 的檢定，以「實證」的方法建構量表效度。

　　因素分析是一種利用統計方法，將大量具相關性的變項分類為數量較少的因素或面向，是一種有效建立多項目量表的方法，每一量表代表一個高度抽象構念中的一個面向。（Nachmias，1996）

　　為檢驗各量表變項是否適合作因素分析，首先利用取樣適當性量數 KMO（Kaiser-Meyer-Olkin）加以測試，當 KMO 值愈大，代表變項間之共同因素愈多，愈適合作因素分析，Kaiser（1974）指出若 KMO 值小於 0.5 時，較不適合進行因素分析。此外若 Bartlett's 球形檢定（Bartlett's Test of Sphericity）達顯著（顯著水準為 0.05），表示母群體相關矩陣間有共同因素存在，亦適合進行因素分析。（吳明隆，2000）

　　利用因素分析進行效度檢定其步驟如下：

1. 採用主成分分析法（Principal Components Analysis）進行共同因素萃取。

2. 利用直交轉軸法（Orthogonal Rotation）中的變異數最大法（Varimax）將因素轉軸，使轉軸後每一共同因素的因素負荷量大小相差達到最大，以利於共同因素的變異量解釋。

　　Nachmias（1996）認為，解釋變異量百分比最高的因素，具有最佳的構念代表性，研究者可單獨運用此因素來代表量表所研究的構念。另因素分析的目的，即希望用最少的共同因素，能對總變異量做最大的解釋，以達成因素結構的簡化，即抽取的因素愈少愈好，抽取因素的累積解釋變異量愈大愈好。（吳明隆，2000）因此本研究即依據此一原則，做為建構各量

表效度之準則，以減少各量表題項，但顧及本研究量表構念效度檢定為探索性因素分析，所以加入解釋變異量百分比次高因素之題項，加強各量表之構念代表性。

第一部份感官體驗量表，經第一次因素分析後（KMO 值為 0.533，Bartlett 檢定達顯著，適合進行因素分析），萃取出四個因素構面，刪除第四個因素構面（解釋變異量百分比最低）後，進行第二次因素分析，（KMO 值為 0.573，Bartlett 檢定達顯著，適合進行因素分析），萃取出三個因素構面，刪除第三個因素構面（解釋變異量百分比最低）後，進行第三次因素分析，（KMO 值為 0.660，Bartlett 檢定達顯著，適合進行因素分析），最後萃取出二個因素構面（累積解釋變異量達 56.29%），作為本研究感官體驗量表之構念因素。

第二部份情感體驗量表，經第一次因素分析後（KMO 值為 0.666，Bartlett 檢定達顯著，適合進行因素分析），萃取出五個因素構面，刪除第五個因素構面（解釋變異量百分比最低）後，進行第二次因素分析，（KMO 值為 0.694，Bartlett 檢定達顯著，適合進行因素分析），萃取出四個因素構面，刪除第四個因素構面（解釋變異量百分比最低）後，進行第三次因素分析，（KMO 值為 0.625，Bartlett 檢定達顯著，適合進行因素分析），萃取出三個因素構面，刪除第三個因素構面（解釋變異量百分比最低）後，進行第四次因素分析，（KMO 值為 0.665，Bartlett 檢定達顯著，適合進行因素分析），萃取出二個因素構面（累積解釋變異量達 73.96%），作為本研究情感體驗量表之構念因素。

第三部份思考體驗量表，經第一次因素分析後（KMO 值

為 0.744，Bartlett 檢定達顯著，適合進行因素分析），萃取出三個因素構面，刪除第三個因素構面（解釋變異量百分比最低）後，進行第二次因素分析，（KMO 值為 0.750，Bartlett 檢定達顯著，適合進行因素分析），最後萃取出二個因素構面（累積解釋變異量達70.29%），作為本研究思考體驗量表之構念因素。

第四部份行動體驗量表，經第一次因素分析後（KMO 值為 0.591，Bartlett 檢定達顯著，適合進行因素分析），萃取出四個因素構面，刪除第四個因素構面（解釋變異量百分比最低）後，進行第二次因素分析，（KMO 值為 0.676，Bartlett 檢定達顯著，適合進行因素分析），萃取出三個因素構面，刪除第三個因素構面（解釋變異量百分比最低）後，進行第三次因素分析，（KMO 值為 0.749，Bartlett 檢定達顯著，適合進行因素分析），最後萃取出二個因素構面（累積解釋變異量達 70.94%），作為本研究行動體驗量表之構念因素。

第五部份關聯體驗量表，經第一次因素分析後（KMO 值為 0.709，Bartlett 檢定達顯著，適合進行因素分析），萃取出三個因素構面，刪除第三個因素構面（解釋變異量百分比最低）後，進行第二次因素分析，（KMO 值為 0.773，Bartlett 檢定達顯著，適合進行因素分析），最後萃取出二個因素構面（累積解釋變異量達68.61%），作為本研究關聯體驗量表之構念因素。

3.5.2 信度分析

信度有兩方面的意義，一是穩定性（Stability），一是一致性（Equivalence or Consistency）。穩定性係指以相同的量表在

兩個不同時間重複衡量相同的事物,然後比較這兩次衡量分數的相關程度;一致性係指在一個態度中衡量所包含問項間相同的態度,故量表中的各項問題間應具有一致性,此一致性係指量表中各問項之內部一致性(Internal Consistency)或內部同質性(Internal Homogeneity)。

本研究採 L.J. Cronbach 提出的 α 係數測量信度之一致性,其公式如下:

$$\alpha = (I / I\text{-}1)(1 - \Sigma S_i^2 / S^2)$$

I: 該項目中包括的題目

S_i^2: 所有受測者在第 i 題的變異數

S^2: 所有問項和的變異數

經因素分析刪除不適當之題項後,第一部份「感官體驗構面」量表信度(α)為 0.7000;第二部份「情感體驗構面」量表信度(α)為 0.7842;第三部份「思考體驗構面」量表信度(α)為 0.8485;第四部份「行動體驗構面」量表信度(α)為 0.7226;第五部份「關聯體驗構面」量表信度(α)為 0.8775;量表總信度(α)為 0.9184。

根據 Nunnally(1978)的建議,構念的 Cronbach's α 值只要大於 0.7,其構念的信度即可接受。故本研究量表(表 3-5-1)之信度達到一定水準。

表 3-5-1　前測後經因素分析及信度檢定的各構面測量問項

變數名稱	衡量構面	因素構面	測量問項	解釋變異量（%）	信度值（α）
S5	感官體驗	因素一	該網路書店的網頁配色具吸引力	28.92	0.7000
S6			該網路書店的圖片配置具吸引力		
S8			該網路書店文字與圖片的比例適中		
S2		因素二	該網路書店名稱令人印象深刻	27.37	
S7			我喜歡該網路書店的設計風格		
S10			我會常常注意到該網路書店上的廣告		
S11			該網路書店的整體導覽架構清楚明瞭		
F4	情感體驗	因素一	上該網路書店可以找到共同興趣的人互相交流	38.17	0.7842
F5			該網路書店的網友常提供我一些情感上的支持		
F6			上該網路書店可以抒發個人情感		
F11		因素二	該網路書店的售後服務良好（退換書服務）	35.79	

F12			該網路書店針對顧客需求提供個人化的服務和資訊內容（推薦書單），使我覺得受到尊重		
F13			該網路書店會主動關心使用者的需求與喜好		
T1	思考體驗	因素一	該網路書店內容多元、饒富趣味	41.02	0.8485
T2			該網路書店所舉辦的活動或遊戲充滿新意，可以激發使用者創意思考		
T4			該網路書店的相關內容更新快速		
T8			該網路書店討論區的資訊流通快速		
T9			該網路書店的書籍分類方式很恰當		
T5		因素二	該網路書店設有特殊的主題討論區（如知名作家或熱門書籍的專屬討論區）	29.27	
T6			該網路書店有許多專業人士在主題討論區		
T7			該網路書店的電子報內容豐富		

A8			我願意使用該網路書店的書摘內容試閱功能		
A9			我願意使用該網路書店的訂單查詢功能		
A10			我願意註冊成為該網路書店的會員		
A12		因素一	我願意訂閱該網路書店的電子報	40.87	
A13			我願意參加該網路書店所舉辦的線上活動（徵文、抽獎、遊戲等）		0.7226
A14	行動體驗		我願意參加該網路書店所舉辦的促銷活動（減價、電子折價券等）		
A3			我願意使用該網路書店的討論區功能		
A4		因素二	我願意使用該網路書店的留言版功能	30.07	
A5			我願意使用該網路書店的聊天室功能		
R1	關聯體驗	因素一	該網路書店是由知名的出版社或實體書店所成立的	38.85	0.8775
R7			該網路書店的經營氣氛或風格具有某種社會規範		

R8		該網路書店會讓使用者有一種認同感		
R9		常上該網路書店可以提升文化水準		
R10		加入該網路書店會員可享有會員專屬服務		
R4		該網路書店有知名作家的專屬討論區（如金庸、村上春樹等）		
R5		該網路書店有熱門書籍的專屬討論區（如失戀雜誌、哈利波特等）		
R6	因素二	該網路書店讓我感受到我與其他網友是同一個團體	29.75	
R11		加入該網路書店會員可與其他網友增加關聯		
Z4		我願意為該網路書店貢獻我的創作（張貼文章）及時間		
Z5		我願意服從該網路書店對於我的領導及管理規則		

　　經效度檢定、信度分析刪除不適當之題項後，提出本研究之正式問卷。（如附錄二）

3.6　調查方法

　　由於本研究之研究對象為台灣地區之網路書店虛擬社群成員，受測對象對網路之使用應有基本認知，故本研究採用全球資訊網問卷調查法，受測者線上填寫完畢後回傳至研究者端。

3.6.1 問卷調查法

　　目前問卷調查法問卷之發放及回收有下列幾種方式：（表3-6-1）

表 3-6-1　問卷發放與回收方式

模式	問卷發放	問卷回收
一	以郵寄問卷方式進行調查	受測者以郵寄方式回覆問卷
二	以郵寄問卷方式進行調查，或者上網進行網際網路問卷填答	1.受測者以郵寄方式回覆問卷 2.透過網際網路問卷系統回收
三	以電子郵件寄送問卷方式進行調查	受訪者於電子郵件上直接填答後回覆問卷
四	以電子郵件通知受訪者上網進行 WWW 網路問卷填答	透過網際網路問卷系統回收

資料來源：整理自梁維國（2000），網路電子新聞報導之可性度研究，銘傳大學資訊管理研究所碩士論文。

　　陶振超（1996）採用全球資訊網問卷調查法，針對台灣地區網際網路使用者進行調查。該研究指出全球資訊網問卷調查法的優點有：

1. 在資料收集與回收問卷的處理上，皆以電腦進行，節省人力、時間、經費。

2. 全球資訊網問卷調查法不但避免人工編碼時可能發生的錯誤，提高資料輸入及編碼效率，在回收資料的整理與過濾上，還能就問卷內容進行核對，以提高結果的正確性。

3. 開放式問題的題數不宜過多，但適量的開放式問題受測者亦樂意作答。

4. 受測者若有未答的題項，亦可如電子郵件調查法般，寄出追蹤問卷要求其補答。

　　周信宏（1998）在其 WWW 網路問卷與傳統郵寄問卷之績效比較研究中指出，全球資訊網可以提供一個易於點擊（Point-and-Click）的方式，能顧及到受測者本身便利性之下完成問卷調查，且無需耗費任何紙張、不必負擔郵寄成本、省去郵寄往返時間，且可配合全球資訊網呈現活潑生動的畫面。並將全球資訊網問卷調查法特有之優點製表，如表 3-6-2：

表 3-6-2　全球資訊網問卷調查法特有之優點

全球資訊網問卷調查法特有之優點
● 只要是上網者皆可成為受測者
問卷發放、受訪者填寫、回收時間不受限制，24 小時全天候均可作業，具時間彈性
使用者圖形介面的點擊填答方式，增加受測者的便利性
在應用上，可達到問卷彩色化、動態化，互動性高
確認受測者作答正確之答題控制（如：跳答），避免無效問卷
避免受訪者重複填答問卷
● 可過濾不是受測者的網路使用者，避免受測者之外者回答問卷
可立即向填答完問卷之受測者發送問候語
可確知受訪者答題時間與上網位置
可以立即從網路上確知問卷目前回答狀況，可顯示統計長條圖、圓餅圖以及答題人數等，方便研究者監控
問卷資料整理效率高，研究者人力成本耗費少
具備自動將受訪者的答案 E-mail 給研究施行者之備份功能

資料來源：改自周信宏（1998），WWW 問卷與郵寄問卷績效比較之研究-以台灣地區產業實施電子商務之研究為例，國立成功大學工業管理研究所碩士論文。

　　故本研究選擇採用全球資訊網問卷調查法，透過會員電子報、討論區、留言版等虛擬社群常用之互動機制發佈問卷填寫訊息，受測對象受測完畢後回傳至研究者端。

3.6.2 抽樣方法

在衡量研究成本及人力、物力資源後，本研究採用便利抽樣方式抽取研究樣本，此法雖有樣本代表性不足之問題，但因本研究之母體為網路書店虛擬社群成員，非網路使用者不包含在本研究之中，所以在發佈問卷調查訊息時，選擇網路書店首頁鏈結、會員電子報、相關討論區及留言版等管道，讓符合樣本對象資格的虛擬社群成員，以自我報告的方式填答問卷。

3.6.3 網路問卷系統架設

本研究正式問卷經前測修訂後，完成於 91 年 7 月 28 日，隨即進行網頁編輯，並以 PHP（PHP: Hypertext Preprocessor）程式語言，處理受測者輸入的問卷表單資料，並與後端資料庫系統連結，放置在 http://www.icebox.idv.tw 的網路節點上，受測者首先會進入問卷說明頁，若符合填答資格，可進一步點擊進入問卷填表頁面，為避免因漏填產生無效問卷，受測者在填答完畢送出時，程式將自動檢查有無漏填選項，並彈出視窗提醒受測者補填，否則資料將不予送出。

另外，為避免重複填答問卷的情形產生，程式會在資料漏填檢查通過後，進一步檢查後端資料庫，是否有重複的受測者 E-mail 資料，若有重複情形，程式自動會在頁面中出現請受測者勿重複填寫問卷字樣，並關閉視窗，結束填答。

最後，確認資料無誤送出後，將會自動寫入紀錄檔中，待問卷調查結束後，可將之直接匯入 Excel 中，並轉換為 SPSS 資料檔，以利資料分析。

正式問卷網路調查之結構流程圖，見圖 3-6-1。

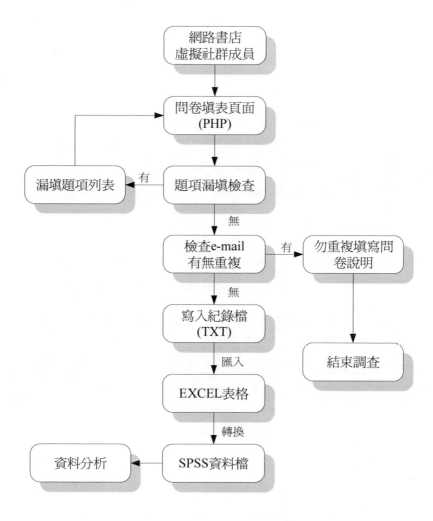

圖 3-6-1　正式問卷網路調查結構流程圖

3.6.4 資料收集

　　為提高問卷回收率，本研究在資料收集方面，採用兩大策略提升問卷回收數量：

1.抽獎活動

　　本研究與網路書店合作，提供 20 本暢銷書籍做為禮物，採用填問卷參加抽獎的方式來提高填答率，要求受測者在填答時留下電子郵件地址，在調查結束後，亂數抽出 20 名填答者，依其所留之電子郵件地址，進一步取得聯絡資料寄發禮物。

2.網路宣傳：

（1）網路書店首頁鏈結：於問卷調查進行期間，分別在小知堂先讀網、HOT 網路書店及唐山網路書店首頁放置鏈結，希望藉由圖形介面方式呈現問卷調查訊息，及首頁的高曝光率，吸引網路書店使用者進入填寫。

（2）電子報宣傳：問卷調查進行期間，分別於「小知堂好好報」、「HOT 會員電子報」及「編輯公園電子報」刊登問卷調查訊息，希望以電子郵件的直效方式，直接邀請符合填答資格的使用者上網填寫問卷。

（3）各大網路書店討論區及留言版張貼訊息：主動在網友流量大之網路書店討論區或留言版，張貼問卷調查訊息。

（4）各大 BBS 站張貼訊息：選擇各大 BBS 之相關連線討論區，張貼問卷調查訊息，選擇之版面以 Book 版、Reading 版、電子商務版等相關版面為主。

　　本研究之正式問卷調查時間為 91 年 8 月 1 日 00:00 至 91 年 9 月 15 日 24:00，共回收 601 份；刪除明顯重複填答及無填答意向的無效問卷共 21 份，總計有效問卷共 580 份，問卷有效回收率為 96.5%。

3.7　研究限制

　　本研究所受之研究限制如下：

1.採用 WWW 網路問卷調查方式，樣本代表性不足

　　本論文研究對象為網路書店虛擬社群，所以採用 WWW 網路問卷作為調查方式，而目前網路使用者仍集中在較年輕的族群，年齡較大的讀者，可能因為對網路的不信任或是對環境不熟悉的因素，上網填答的機率較小，因而無法進行隨機抽樣，如此可能造成樣本過度集中，願意主動填答的使用者可能是較積極主動的使用者；而本研究為提升樣本數量，透過抽獎方式來吸引填答者，亦可能有部分使用者單為贈品，而未能將其真實感受表達於問卷當中；另外，在受訪者身份控制方面，本研究雖用程式剔除使用相同電子郵件帳號填答的受測者，但仍無法避免同一受測者利用兩個以上的電子郵件帳號進行問卷填答，這也是一般網路問卷所面臨的共同現象，因此，研究結果僅能描述所搜集到的樣本，以致於樣本代表性不足，推論母體較為困難。最後，本研究因時間、人力考量，僅針對台灣地區網路書店使用者作為研究對象，所得結果祇能代表台灣地區網路書店應用與使用者行為的現況，並不適宜推論到其他地域。

2.問卷衡量應用於其他產業仍需衡量

體驗行銷乃創新理論，相關研究甚少。本研究所設計之問卷項目係由相關文獻及網站觀察所得出。網路應用時時創新，研究者只能針對當前現況做調查，而調查之結果亦僅能代表現階段之應用。本研究以網路書店虛擬社群作為研究對象，在問卷的衡量上有特別的要求，應用於其他產業仍需衡量。

3.8 資料處理與分析方法

本研究採用 SPSS10.0 為統計分析工具；為求取確實可靠的資料，並了解本研究建立的量表是否能做為可信度良好的檢測工具，故必須檢驗問卷內容的信度與效度。本研究採用 Cronbach α 來檢定量表的信度，與因素分析法來檢定量表的建構效度，並利用敘述統計、相關分析、變異數分析等統計方法來分析各變項之間的關係。

3.8.1 信度（Reliability）

因 Cronbach's α 適用於多重計分的測量工具，如評定量表、態度量表等。所以本研究使用 L.J. Cronbach 提出的 α 係數測量信度，對本研究問卷中量表所測得之分數，檢驗量表的內部一致性程度。

3.8.2 因素分析

因素分析（Factor Analysis），其主要功能是從一系列測度（Measures）或問項（Scales）中分離出或抽取出一些共同的

因素（Common Factor）；這些因素之形成是針對實際研究的資
料（Data），根據科學方法，以統計演算過程所分離出來的。
本研究使用因素分析法來檢定量表的建構效度（Construct
Validity）。

3.8.3 敘述統計

用以了解計算各樣本對各項題目意見之平均數、標準差、
次數分配及交叉分析等。

3.8.4 T 檢定

探討兩個不同變項平均數差異之顯著程度。

3.8.5 變異數分析

本研究採用單因子變異數分析（One-Way-ANOVA），檢定
當樣本的人口變項或網路使用型態不同時，其在「網站策略體
驗模組」上的差異。

本研究進行資料分析時，顯著水準達 0.01 時以[***]表示；
顯著水準達 0.05 時以[**]表示；另本研究將虛無假設之顯著水準
設定為 $\alpha = 0.05$。

第四章　結果與討論

　　本章共分為三小節，第一節描述本研究之樣本人口變項與網路使用型態，以及各因素構面的平均數排名；第二節為網站體驗各構面與樣本人口變項之交叉分析，以及樣本不同人口變項之交叉分析；最後一節則比較樣本之人口變項及網路使用型態與網站體驗各構面的差異性。

4.1　樣本描述與敘述統計分析

　　在本節中首先以敘述統計來進行本研究樣本網路書店虛擬社群之基本資料描述，分為人口統計變項（包括：性別、年齡、教育程度、職業、平均月收入）及網路使用型態（包括：上網頻率、平均每次上網時間、連線速度）兩部分，接著描述網站策略體驗模組（包括：感官體驗、情感體驗、思考體驗、行動體驗、關聯體驗）之重視程度。

4.1.1 網路書店虛擬社群之人口變項分析

　　在人口變項方面，本研究為了解網路書店虛擬社群之基本資料及分佈情形，遂利用次數分配百分比對各題項進行排名比較。

1.性別

　　在網路書店虛擬社群調查之 580 份有效樣本中，男性有255 人，佔 44%；女性有 325 人，佔 56%。

表 4-1-1　網路書店虛擬社群性別百分比統計表

性別	人數	百分比	有效百分比	累積百分比
男性	255	44.0	44.0	44.0
女性	325	56.0	56.0	100.0
總和	580	100.0	100.0	

　　從表 4-1-1 調查結果顯示，男女比例約為 1：1.27，從樣本數來看，網路書店虛擬社群中，女性略多於男性。根據 Nielsen//NetRatings 的分析報告指出，目前美國的連網人口中，女性族群已超越男性族群，而且在亞太地區的發展也相當驚人，該地區（澳洲、紐西蘭、香港、南韓、新加坡與台灣）的女性上網的平均成長率高達 36%；蕃薯藤的 2004 年網路使用者調查結果顯示，台灣地區網際網路使用者中，男性比例為 41%，女性為 59%，並根據近三年的結果發現，女性使用者上網人口逐漸穩定且佔多數；而在國內其他相關研究中，黃美文（1998）針對網路使用者的網路購物意願研究中，女性與男性的比例為 55：45；江姿慧（2000）的虛擬社群研究中，女性的比例也高於男性（54：46），由以上統計數字可知，台灣地區女性網路人口已超越男性，且在劉沐雅（2002）及吳雅琪（2002）的網路書店使用者研究中，女性使用者比例也略為超越男性，與本研究所得之樣本資料相符合。

2.年齡

　　在網路書店虛擬社群調查之 580 份有效樣本中，年齡分布為：14 歲以下有 5 人，佔 0.9%；15~19 歲有 36 人，佔 6.2%；20~24 歲有 239 人，佔 41.2%；25~29 歲有 186 人，佔 32.1%；

30~39 歲有 93 人，佔 16.0%；40~49 歲有 17 人，佔 2.9%；50~59 歲有 4 人，佔 0.7%；60 歲以上有 0 人，佔 0%。

表 4-1-2　網路書店虛擬社群年齡百分比統計表

年齡	人數	百分比	有效百分比	累積百分比
14歲以下	5	0.9	0.9	0.9
15~19歲	36	6.2	6.2	7.1
20~24歲	239	41.2	41.2	48.3
25~29歲	186	32.1	32.1	80.3
30~39歲	93	16.0	16.0	96.4
40~49歲	17	2.9	2.9	99.3
50~59歲	4	0.7	0.7	100.0
60歲以上	0	0	0	100.0
總和	580	100.0	100.0	

　　根據表 4-1-2 所示，本研究樣本之年齡以 20~24 歲居多，佔樣本總數的 41.2%；25~29 歲次之，佔 32.1%，兩者合計即佔樣本總數的 73.3%，此與 1998 台灣圖書市場研究報告之「台灣地區網路使用者的圖書消費行為調查」中之數據（20~29 歲佔 62.9%），以及李郁菁（2000）的虛擬社群研究中樣本年齡分布（20~29 歲佔 60.5%）相符，由此可知台灣地區網路書店虛擬社群大多集中於 20~29 歲的年輕網路族群。

3.教育程度

　　在網路書店虛擬社群調查之 580 份有效樣本中，教育程度分布為：國（初）中或以下有 6 人，佔 1%；高中（職）有 32

人，佔 5.5%；專科有 63 人，佔 10.9%；大學院校有 315 人，佔 54.3%；研究所或以上有 164 人，佔 28.3%。

表 4-1-3　網路書店虛擬社群教育程度百分比統計表

教育程度	人數	百分比	有效百分比	累積百分比
國（初）中或以下	6	1.0	1.0	1.0
高中（職）	32	5.5	5.5	6.6
專科	63	10.9	10.9	17.4
大學院校	315	54.3	54.3	71.7
研究所或以上	164	28.3	28.3	100.0
總和	580	100.0	100.0	

根據表 4-1-3 所示，本研究樣本之教育程度以大學院校 54.3%最高，其次為研究所或以上佔 28.3%，專科教育程度亦佔 10.9%，三者合計高達 93.5%，此結果與鄭璁華（2000）之網路書店使用者的研究結果（大學院校佔 39.5%，研究所或以上佔 24.2%，專科佔 24.0%，三者合計 87.7%），及 1998 台灣圖書市場研究報告之網路使用者圖書消費行為研究結果（大學院校佔 46.9%，專科佔 21.3%，研究所或以上佔 20.7%，三者合計 88.9%）相符合，由以上統計結果可知網路書店虛擬社群大多具有專科以上學歷，且教育程度有增高的趨勢。

4.職業

在網路書店虛擬社群調查之 580 份有效樣本中，職業分布為：金融、保險及不動產業有 19 人，佔 3.3%；法律及工商服務業有 25 人，佔 4.3%；教育、學術、傳播有 105 人，佔 18.1%；商業（批發、零售、餐旅業）有 14 人，佔 2.4%；製造業有 37

人，佔6.4%；水電燃氣業有2人，佔0.3%；營造業有0人，
佔0%；運輸、倉儲及通信業有8人，佔1.4%；軍警及公務員
有29人，佔5.0%；農林漁牧業有1人，佔0.2%；礦業及土石
採取業有0人，佔0%；學生242人，佔41.7%；家庭管理有3
人，佔0.5%；退休人員有0人，佔0%；其他有95人，佔16.4%。

表 4-1-4　網路書店虛擬社群職業百分比統計表

職業	人數	百分比	有效百分比	累積百分比
金融、保險及不動產業	19	3.3	3.3	3.3
法律及工商服務業	25	4.3	4.3	7.6
教育、學術、傳播	105	18.1	18.1	25.7
商業（批發、零售、餐旅業）	14	2.4	2.4	28.1
製造業	37	6.4	6.4	34.5
水電燃氣業	2	0.3	0.3	34.8
營造業	0	0	0	34.8
運輸、倉儲及通信業	8	1.4	1.4	36.2
軍警及公務員	29	5.0	5.0	41.2
農林漁牧業	1	0.2	0.2	41.4
礦業及土石採取業	0	0	0	41.4
學生	242	41.7	41.7	83.1
家庭管理	3	0.5	0.5	83.6
退休人員	0	0	0	83.6
其他	95	16.4	16.4	100.0
總和	580	100.0	100.0	

　　根據表 4-1-4 結果顯示，本研究樣本以學生族群居多，佔樣本總數的 41.7%，其次為教育、學術及傳播業，亦佔了 18.1%，兩者合計佔 59.8%，此與 1998 台灣圖書市場研究報告中網路使用者圖書消費行為研究結果中學生佔 32.7%，教育、學術及傳播業，佔 28.2%，兩者合計 60.9%的研究結果大致相符，由此可知網路書店虛擬社群大多來自教育學術界（學生、教師、研究人員等），亦有相當比例來自出版、傳播等相關行業。

5.平均月收入

　　在網路書店虛擬社群調查之 580 份有效樣本中，平均月收入分布為：20,000 元以下有 293 人，佔 50.5%；20,001~40,000 元有 189 人，佔 32.6%；40,001~60,000 元有 56 人，佔 9.7%；60,001~80,000 元有 26 人，佔 4.5%；80,001~100,000 元有 7 人，佔 1.2%；100,000 元以上有 9 人，佔 1.6%。

表 4-1-5　網路書店虛擬社群平均月收入百分比統計表

平均月收入	人數	百分比	有效百分比	累積百分比
20,000元以下	293	50.5	50.5	50.5
20,001~40,000元	189	32.6	32.6	83.1
40,001~60,000元	56	9.7	9.7	92.8
60,001~80,000元	26	4.5	4.5	97.2
80,001~100,000元	7	1.2	1.2	98.4
100,000元以上	9	1.6	1.6	100.0
總和	580	100.0	100.0	

根據表 4-1-5 所示，本研究樣本之平均月收入大多為
20,000 元以下，佔 50.5%，其次為 20,001~40,000 元，佔 32.6%，
此種結果可能與本調查樣本中學生族群佔 41.7%，且就年齡層
來看，也多集中在 20~29 歲的社會新鮮人（73.3%），本社群之
平均月收入普遍不高，約在 40,000 元以下（83.1%）。

4.1.2 網路書店虛擬社群之網路使用型態分析

在網路使用型態方面，本研究為了解網路書店虛擬社群網
際網路使用型態之分佈情形，遂利用次數分配百分比對各題項
進行排名比較。

1.上網頻率

在網路書店虛擬社群調查之 580 份有效樣本中，上網頻率
分布為：幾個禮拜上網一次有 8 人，佔 1.4%；一個禮拜上網
一次有 20 人，佔 3.4%；二、三天上網一次有 71 人，佔 9.7%；
每天上網有 481 人，佔 82.9%。

表 4-1-6　網路書店虛擬社群上網頻率百分比統計表

上網頻率	人數	百分比	有效百分比	累積百分比
幾個禮拜一次	8	1.4	1.4	1.4
一個禮拜一次	20	3.4	3.4	4.8
二、三天一次	71	12.2	12.2	17.1
每天	481	82.9	82.9	100.0
總和	580	100.0	100.0	

　　根據表 4-1-6 結果顯示，本調查有高達 82.9%的樣本是每天都會使用網路，此結果與資策會所做調查截自 2005 年 3 月底，台灣地區網際網路連網普及率達 41%，個人使用者不論是在公司、學校、家庭等幾乎都能輕易地連上網路，可見網際網路已逐漸成為台灣地區人民日常生活的一部份。

2.平均每次上網時間

　　在網路書店虛擬社群調查之 580 份有效樣本中，平均每次上網時間分布為：60 分鐘以下有 108 人，佔 18.6%；61~120 分鐘有 229 人，佔 39.5%；121~180 分鐘有 75 人，佔 12.9%；181 分鐘以上有 168 人，佔 29.0%。

表 4-1-7　網路書店虛擬社群平均每次上網時間百分比統計表

每次平均上網時間	人數	百分比	有效百分比	累積百分比
60分鐘以下	108	18.6	18.6	18.6
61~120分鐘	229	39.5	39.5	58.1
121~180分鐘	75	12.9	12.9	71.0
181分鐘以上	168	29.0	29.0	100.0
總和	580	100.0	100.0	

　　根據表 4-1-7，本研究樣本中平均每次的上網時間以 61~120 分鐘居多，佔 39.5%，其次為 181 分鐘以上，佔 29.0%，而平均每次上網時間在 61 分鐘以上者，合計佔 81.4%，此結果與 2004 年蕃薯藤所做台灣網路使用者調查，其中每次上網時間在 61 分鐘以上超過 77%的結果相符，由此可知大部分網路書店的虛擬社群每次平均上網時間幾乎都在 61 分鐘以上。

3.連線速度

在網路書店虛擬社群調查之 580 份有效樣本中，網路連線速度分布為：寬頻網路（T1~T3 專線、ADSL、有線電視上網、學校網路）有 494 人，佔 85.2%；窄頻網路（一般電話撥接）有 86 人，佔 14.8%。

表 4-1-8　網路書店虛擬社群平均連線速度百分比統計表

連線速度	人數	百分比	有效百分比	累積百分比
寬頻網路（T1~T3 專線、ADSL、有線電視上網、學校網路）	494	85.2	85.2	85.2
窄頻網路（一般電話撥接）	86	14.8	14.8	100.0
總和	580	100.0	100.0	

根據表 4-1-8 所示，本研究樣本中網路平均連線速度有高達 85.2%是使用寬頻網路。而從相關調查來看，資策會所做台灣地區 2005 年網路使用者調查顯示，我國寬頻用戶數已達 371 萬戶，寬頻上網率居世界第三；而蕃薯藤 2004 年的網路使用者調查中，使用寬頻網路的使用者佔 92%，由此可知，在這兩年政府大力推動寬頻上網以及提供寬頻連線服務的業者強力促銷之下，使用寬頻上網的網路使用者已大幅成長躍居主流地位。

4.1.3 網路書店虛擬社群網站策略體驗模組因素構面分析

在網站體驗方面，本研究為了解各網站策略體驗模組其中之因素構面在虛擬社群中的重視程度，因此利用平均數對各題項進行排名比較。

1.感官體驗

根據表 4-1-9 的調查結果顯示，本研究樣本對網站感官體驗因素之重視程度排名，第一位的為「整體導覽架構清楚明瞭」（平均數 3.77，標準差 0.84）；排名第二的為「名稱令人印象深刻」（平均數 3.67，標準差 0.76）；第三的則為「文字與圖片的比例適中」（平均數 3.65，標準差 0.74）；而排名最後的因素是「注意到網站上的廣告」（平均數 3.15，標準差 1.01）。

表 4-1-9 網路書店虛擬社群感官體驗之因素排名

排名	題項代號	感官體驗因素	平均數	標準差
1	S7	該網路書店的整體導覽架構清楚明瞭	3.77	0.84
2	S1	該網路書店名稱令人印象深刻	3.67	0.76
3	S5	該網路書店文字與圖片的比例適中	3.65	0.74
4	S4	我喜歡該網路書店的設計風格	3.63	0.77
5	S2	該網路書店的網頁配色具吸引力	3.56	0.76
6	S3	該網路書店的圖片配置具吸引力	3.52	0.76
7	S6	我會常常注意到該網路書店上的廣告	3.15	1.01
感官體驗因素			3.56	0.52

　　由以上結果可知，網路書店虛擬社群在網站感官體驗方面，較重視的因素為「網站導覽架構」與「使用者介面」的設計良窳；另外，「網站的品牌區別」，也是感官體驗因素中虛擬社群較重視的因素之一，如 Harris Interactive 在 2001 年的調查報告也提到，同樣是書籍零售網站，網友平均想到 Amazon 的次數是 Barnes & Noble 的兩倍；而「網站的廣告訊息」使用者雖仍呈現重視，但與其他因素相比，分數仍較低，這是因為目前網路書店的廣告仍以靜態呈現的方式居多，對使用者的感官刺激相對較低的緣故。

2.情感體驗

　　根據表 4-1-10 的調查結果顯示，本研究樣本對網站情感體驗因素之重視程度排名，第一位的為「售後服務良好」（平均數 3.63，標準差 0.79）；排名第二的為「針對顧客需求提供個人化的服務和資訊內容」（平均數 3.55，標準差 0.93）；第三的則為「會主動關心使用者的需求與喜好」（平均數 3.19，標準差 1.00）；而排名最後的因素是「網友常提供我一些情感上的支持」（平均數 2.65，標準差 0.95）。

表 4-1-10　網路書店虛擬社群情感體驗之因素排名

排名	題項代號	情感體驗因素	平均數	標準差
1	F4	該網路書店的售後服務良好（退換書服務）	3.63	0.79
2	F5	該網路書店針對顧客需求提供個人化的服務和資訊內容	3.55	0.93

		（推薦書單），使我覺得受到尊重		
3	F6	該網路書店會主動關心使用者的需求與喜好	3.19	1.00
4	F1	上該網路書店可以找到共同興趣的人互相交流	2.91	0.94
5	F3	上該網路書店可以抒發個人情感	2.83	0.99
6	F2	該網路書店的網友常提供我一些情感上的支持	2.65	0.95
情感體驗因素			3.13	0.67

由以上結果可知，網路書店虛擬社群在網站情感體驗方面，較重視的因素為網站的「售後服務」及提供「客製化的服務」，藉由良好的網站服務，可讓使用者獲得受尊重的感覺；另外，「關心使用者的需求」，也是情感體驗因素中虛擬社群較重視的因素之一。相關研究如 Jupiter Media Metrix 於 2001 年 9 月所發佈的調查結果發現，有 36% 上網者願意進入有個人化網頁設計的網站；Cyber Dialogue 的調查也顯示消費者較喜愛到提供個人化服務的網站購物。由此可知，未來網站除了提供良好的售後服務之外，更應主動關心使用者的各式需求，以提供貼近消費者情感需求的客製化服務。

3.思考體驗

根據表 4-1-11 的調查結果顯示，本研究樣本對網站思考體驗因素之重視程度排名，第一位的為「相關內容更新快速」（平

均數 3.85，標準差 0.73）；排名第二的為「書籍分類方式很恰
當」（平均數 3.77，標準差 0.79）；第三的則為「內容多元、饒
富趣味」（平均數 3.69，標準差 0.78）；而排名最後的因素是「有
許多專業人士在主題討論區」（平均數 3.22，標準差 0.87）。

表 4-1-11　網路書店虛擬社群思考體驗之因素排名

排名	題項代號	思考體驗因素	平均數	標準差
1	T3	該網路書店的相關內容更新快速	3.85	0.73
2	T8	該網路書店的書籍分類方式很恰當	3.77	0.79
3	T1	該網路書店內容多元、饒富趣味	3.69	0.78
4	T4	該網路書店設有特殊的主題討論區（如知名作家或熱門書籍的專屬討論區）	3.69	0.82
5	T7	該網路書店討論區的資訊流通快速	3.53	0.86
6	T6	該網路書店的電子報內容豐富	3.44	0.86
7	T2	該網路書店所舉辦的活動或遊戲充滿新意，可以激發使用者創意思考	3.30	0.82
8	T5	該網路書店有許多專業人士在主題討論區	3.22	0.87
思考體驗因素			3.56	0.55

　　由以上結果可知，網路書店虛擬社群在網站思考體驗方面，較重視的因素為「資訊更新快速」及「資訊分類恰當」兩點，另外如「資訊流通快速」、「資訊內容豐富」的重視程度也在平均數之上；而「網站內容的趣味性」，也是思考體驗因素中虛擬社群較重視的因素之一。相關研究如文建會的 1998 台灣圖書市場研究報告其中針對台灣地區網路使用者的圖書消費行為調查，有 55.6%的使用者認為網路書店是「資訊豐富的」，53.7%認為是「創新的」，35.6%認為是「具吸引力」的；而李郁菁（2000）的虛擬社群研究中，虛擬社群對於網站重視的因素除連線速度外，最重要的即為「資訊流通快速」及「資訊內容豐富」兩點，由本研究結果及相關研究可知，網站在思考體驗方面應著重在「資訊層面」因素，加強網站內容的豐富度，並時時保持資訊流通的快速性。

4.行動體驗

　　根據表 4-1-12 的調查結果顯示，本研究樣本對網站行動體驗因素之重視程度排名，第一位的為「書摘內容試閱功能」（平均數 4.16，標準差 0.69）；排名第二的為「訂單查詢功能」（平均數 4.14，標準差 0.74）；第三的則為「註冊成為會員」（平均數 4.11，標準差 0.77）；而排名最後的因素是「聊天室功能」（平均數 2.86，標準差 0.85）。

表 4-1-12　網路書店虛擬社群行動體驗之因素排名

排名	題項代號	行動體驗因素	平均數	標準差
1	A4	我願意使用該網路書店的書摘內容試閱功能	4.16	0.69
2	A5	我願意使用該網路書店的訂單查詢功能	4.14	0.74
3	A6	我願意註冊成為該網路書店的會員	4.11	0.77
4	A9	我願意參加該網路書店所舉辦的促銷活動（減價、電子折價券等）	4.06	0.78
5	A7	我願意訂閱該網路書店的電子報	3.79	0.94
6	A8	我願意參加該網路書店所舉辦的線上活動（徵文、抽獎、遊戲等）	3.77	0.91
7	A2	我願意使用該網路書店的留言版功能	3.28	0.85
8	A1	我願意使用該網路書店的討論區功能	3.20	0.86
9	A3	我願意使用該網路書店的聊天室功能	2.86	0.85
行動體驗因素			3.71	0.53

　　由以上結果可知，網路書店虛擬社群在網站行動體驗方面，除了「網友互動機制」幾項（如：留言版、討論區、聊天室）重視程度相對較低之外，其餘如訂閱電子報、促銷活動、線上活動等均呈現重視；而其中較重視的因素為「試閱功能」及「查詢功能」兩點，而「會員註冊機制」，則是行動體驗因素中虛擬社群第三重視的因素。相關研究如文建會的 1998 台灣圖書市場研究報告其中針對台灣地區網路使用者的圖書消費行為調查，大部分的使用者不在線上購物的原因是因為「不能接觸實際商品」，而網路書店販賣的多為實體書籍，雖然還是無法提供實際的試用功能，但可透過書摘試閱的功能達到「線上虛擬試用」的效果；另外，IDC 的 Internet Executive Council 研究報告顯示，「追蹤線上訂單流向（Online Order Tracking）」即為在 B2C 網站深受歡迎的功能之一；而在「會員註冊機制」方面，Cyber Dialogue 的調查指出，有 63%的人說他們願意登記為會員的動機是想換取個人化服務，82%的受訪者為了能讓網站能瞭解其個人的偏好，會願意提供個人的詳細資料，例如性別、年紀與種族，這結果與本研究情感體驗因素的結果吻合，消費者為了獲得「個人化服務」，以及讓網站更瞭解其「個人需求」，乃願意透過網站的「會員註冊機制」註冊為會員，以獲取更好的服務品質。

5.關聯體驗

　　根據表 4-1-13 的調查結果顯示，本研究樣本對網站關聯體驗因素之重視程度排名，第一位的為「會員可享有會員專屬服務」（平均數 3.89，標準差 0.75）；排名第二的為「可以提升文

化水準」（平均數 3.53，標準差 0.92）；第三的則為「有熱門書籍的專屬討論區」（平均數 3.52，標準差 0.86）；而排名最後的因素是「感受到與其他網友是同一個團體」（平均數 2.96，標準差 0.90）。

表 4-1-13 網路書店虛擬社群關聯體驗之因素排名

排名	題項代號	關聯體驗因素	平均數	標準差
1	R8	加入該網路書店會員可享有會員專屬服務	3.89	0.75
2	R7	常上該網路書店可以提升文化水準	3.53	0.92
3	R3	該網路書店有熱門書籍的專屬討論區（如失戀雜誌、哈利波特等）	3.52	0.86
4	R1	該網路書店是由知名的出版社或實體書店所成立的	3.46	1.07
5	R6	該網路書店會讓使用者有一種認同感	3.41	0.88
6	R2	該網路書店有知名作家的專屬討論區（如金庸、村上春樹等）	3.39	0.88
7	R5	該網路書店的經營氣氛或風格具有某種社會規範	3.32	0.87
8	R9	加入該網路書店會員可與其他網友增加關聯	3.06	0.92
9	R4	該網路書店讓我感受到我與其他網友是同一個團體	2.96	0.90
關聯體驗因素			3.39	0.58

　　從以上結果來看，網路書店虛擬社群在網站關聯體驗方面，較重視的因素為透過會員專屬服務而產生的「歸屬感」，及藉由常上網路書店獲得「文化價值」的提升；另外，「品牌社群」及「品牌形象」，也是情感體驗因素中虛擬社群較重視的因素。相關研究如 IDC 的 Internet Executive Council 研究報告指出，「針對註冊會員提供特定內容（Special Content for Registered Vistors）」未來將會成為 B2B 與 B2B/B2C 網站最熱門的功能。由此可知，網站應藉由「會員專屬功能」提升虛擬社群的「歸屬感」，並藉由網站的「品牌識別」來增加其對網站的「關聯性」。

4.2　人口變項與網路書店虛擬社群網站體驗之交叉分析

　　根據上一小節之敘述統計分析結果，本節遂針對樣本中之不同族群對網站各項體驗之態度進行交叉分析，期能對行銷者提供「分眾行銷」之參考。

1.性別

　　根據表 4-2-1a 及 4-2-1b 的調查結果顯示，本研究樣本中男性對網站感官體驗因素之重視程度排名，第一位的為「整體導覽架構清楚明瞭」（平均數 3.76，標準差 0.84）；排名第二的為「名稱令人印象深刻」（平均數 3.68，標準差 0.76）；第三的則為「設計風格」（平均數 3.58，標準差 0.78）；而排名最後的因素是「注意到網站上的廣告」（平均數 3.05，標準差 0.96）。

表 4-2-1a　網路書店虛擬社群中男性對感官體驗之因素排名

排名	題項代號	感官體驗因素	平均數	標準差
1	S7	該網路書店的整體導覽架構清楚明瞭	3.76	0.84
2	S1	該網路書店名稱令人印象深刻	3.68	0.76
3	S4	我喜歡該網路書店的設計風格	3.58	0.78
4	S5	該網路書店文字與圖片的比例適中	3.58	0.76
5	S2	該網路書店的網頁配色具吸引力	3.51	0.75
6	S3	該網路書店的圖片配置具吸引力	3.49	0.75
7	S6	我會常常注意到該網路書店上的廣告	3.05	0.96
感官體驗因素			3.52	0.80

　　樣本中女性對網站感官體驗因素之重視程度排名，第一位的為「整體導覽架構清楚明瞭」（平均數 3.78，標準差 0.85）；排名第二的為「文字與圖片的比例適中」（平均數 3.71，標準差 0.71）；第三的則為「設計風格」（平均數 3.66，標準差 0.77）；而排名最後的因素是「注意到網站上的廣告」（平均數 3.23，標準差 1.04）。

表 4-2-1b　網路書店虛擬社群中女性對感官體驗之因素排名

排名	題項代號	感官體驗因素	平均數	標準差
1	S7	該網路書店的整體導覽架構清楚明瞭	3.78	0.85
2	S5	該網路書店文字與圖片的比例適中	3.71	0.71
3	S4	我喜歡該網路書店的設計風格	3.66	0.77
4	S1	該網路書店名稱令人印象深刻	3.66	0.77
5	S2	該網路書店的網頁配色具吸引力	3.60	0.76

6	S3	該網路書店的圖片配置具吸引力	3.54	0.78
7	S6	我會常常注意到該網路書店上的廣告	3.23	1.04
感官體驗因素			3.60	0.81

根據表 4-2-2a 及 4-2-2b 的調查結果顯示，本研究樣本中男性對網站情感體驗因素之重視程度排名，第一位的為「售後服務良好」（平均數 3.67，標準差 0.83）；排名第二的為「針對顧客需求提供個人化的服務和資訊內容」（平均數 3.57，標準差 0.91）；第三的則為「會主動關心使用者的需求與喜好」（平均數 3.29，標準差 0.98）；而排名最後的因素是「網友常提供我一些情感上的支持」（平均數 2.63，標準差 0.86）。

表 4-2-2a　網路書店虛擬社群男性對情感體驗之因素排名

排名	題項代號	情感體驗因素	平均數	標準差
1	F4	該網路書店的售後服務良好（退換書服務）	3.67	0.83
2	F5	該網路書店針對顧客需求提供個人化的服務和資訊內容（推薦書單），使我覺得受到尊重	3.57	0.91
3	F6	該網路書店會主動關心使用者的需求與喜好	3.29	0.98
4	F1	上該網路書店可以找到共同興趣的人互相交流	2.84	0.87
5	F3	上該網路書店可以抒發個人情感	2.73	0.96
6	F2	該網路書店的網友常提供我一些情感上的支持	2.63	0.86
情感體驗因素			3.12	0.90

　　樣本中女性對網站情感體驗因素之重視程度排名，第一位的為「售後服務良好」（平均數 3.59，標準差 0.75）；排名第二的為「針對顧客需求提供個人化的服務和資訊內容」（平均數 3.53，標準差 0.94）；第三的則為「會主動關心使用者的需求與喜好」（平均數 3.11，標準差 1.01）；而排名最後的因素是「網友常提供我一些情感上的支持」（平均數 2.66，標準差 1.03）。

表 4-2-2b　網路書店虛擬社群女性對情感體驗之因素排名

排名	題項代號	情感體驗因素	平均數	標準差
1	F4	該網路書店的售後服務良好（退換書服務）	3.59	0.75
2	F5	該網路書店針對顧客需求提供個人化的服務和資訊內容（推薦書單），使我覺得受到尊重	3.53	0.94
3	F6	該網路書店會主動關心使用者的需求與喜好	3.11	1.01
4	F1	上該網路書店可以找到共同興趣的人互相交流	2.97	0.99
5	F3	上該網路書店可以抒發個人情感	2.90	1.01
6	F2	該網路書店的網友常提供我一些情感上的支持	2.66	1.03
情感體驗因素			3.13	0.95

　　根據表 4-2-3a 及 4-2-3b 的調查結果顯示，本研究樣本中男性對網站思考體驗因素之重視程度排名，第一位的為「相關

內容更新快速」（平均數 3.84，標準差 0.78）；排名第二的為「書
籍分類方式很恰當」（平均數 3.77，標準差 0.80）；第三的則為
「內容多元、饒富趣味」（平均數 3.58，標準差 0.86）；而排名
最後的因素是「有許多專業人士在主題討論區」（平均數 3.12，
標準差 0.89）。

表 4-2-3a　網路書店虛擬社群男性對思考體驗之因素排名

排名	題項代號	思考體驗因素	平均數	標準差
1	T3	該網路書店的相關內容更新快速	3.84	0.78
2	T8	該網路書店的書籍分類方式很恰當	3.77	0.80
3	T1	該網路書店內容多元、饒富趣味	3.58	0.86
4	T4	該網路書店設有特殊的主題討論區（如知名作家或熱門書籍的專屬討論區）	3.58	0.87
5	T7	該網路書店討論區的資訊流通快速	3.51	0.90
6	T6	該網路書店的電子報內容豐富	3.38	0.86
7	T2	該網路書店所舉辦的活動或遊戲充滿新意，可以激發使用者創意思考	3.29	0.80
8	T5	該網路書店有許多專業人士在主題討論區	3.12	0.89
思考體驗因素			3.51	0.85

　　樣本中女性對網站思考體驗因素之重視程度排名，第一位的為「相關內容更新快速」（平均數 3.86，標準差 0.70）；排名第二的為「內容多元、饒富趣味」（平均數 3.78，標準差 0.70）；第三的則為「設有特殊的主題討論區」（平均數 3.78，標準差 0.77）；而排名最後的因素是「有許多專業人士在主題討論區」（平均數 3.30，標準差 0.85）。

表 4-2-3b　網路書店虛擬社群女性對思考體驗之因素排名

排名	題項代號	思考體驗因素	平均數	標準差
1	T3	該網路書店的相關內容更新快速	3.86	0.70
2	T1	該網路書店內容多元、饒富趣味	3.78	0.70
3	T4	該網路書店設有特殊的主題討論區（如知名作家或熱門書籍的專屬討論區）	3.78	0.77
4	T8	該網路書店的書籍分類方式很恰當	3.78	0.79
5	T7	該網路書店討論區的資訊流通快速	3.55	0.84
6	T6	該網路書店的電子報內容豐富	3.49	0.86
7	T2	該網路書店所舉辦的活動或遊戲充滿新意，可以激發使用者創意思考	3.31	0.83
8	T5	該網路書店有許多專業人士在主題討論區	3.30	0.85
思考體驗因素			3.61	0.79

　　根據表 4-2-4a 及 4-2-4b 的調查結果顯示，本研究樣本中男性對網站行動體驗因素之重視程度排名，第一位的為「訂單查詢功能」（平均數 4.16，標準差 0.70）；排名第二的為「書摘

內容試閱功能」（平均數 4.11，標準差 0.68）；第三的則為「註
冊成為會員」（平均數 4.09，標準差 0.71）；而排名最後的因素
是「聊天室功能」（平均數 2.89，標準差 0.83）。

表 4-2-4a　網路書店虛擬社群男性對行動體驗之因素排名

排名	題項代號	行動體驗因素	平均數	標準差
1	A5	我願意使用該網路書店的訂單查詢功能	4.16	0.70
2	A4	我願意使用該網路書店的書摘內容試閱功能	4.11	0.68
3	A6	我願意註冊成為該網路書店的會員	4.09	0.71
4	A9	我願意參加該網路書店所舉辦的促銷活動（減價、電子折價券等）	4.05	0.77
5	A7	我願意訂閱該網路書店的電子報	3.71	0.90
6	A8	我願意參加該網路書店所舉辦的線上活動（徵文、抽獎、遊戲等）	3.68	0.89
7	A2	我願意使用該網路書店的留言版功能	3.27	0.85
8	A1	我願意使用該網路書店的討論區功能	3.18	0.85
9	A3	我願意使用該網路書店的聊天室功能	2.89	0.83
行動體驗因素			3.68	0.80

　　樣本中女性對網站行動體驗因素之重視程度排名，第一位的為「書摘內容試閱功能」（平均數 4.19，標準差 0.70）；排名第二的為「訂單查詢功能」（平均數 4.12，標準差 0.77）；第三的則為「註冊成為會員」（平均數 4.12，標準差 0.82）；而排名最後的因素是「聊天室功能」（平均數 2.83，標準差 0.86）。

表 4-2-4b　網路書店虛擬社群女性對行動體驗之因素排名

排名	題項代號	行動體驗因素	平均數	標準差
1	A4	我願意使用該網路書店的書摘內容試閱功能	4.19	0.70
2	A5	我願意使用該網路書店的訂單查詢功能	4.12	0.77
3	A6	我願意註冊成為該網路書店的會員	4.12	0.82
4	A9	我願意參加該網路書店所舉辦的促銷活動（減價、電子折價券等）	4.06	0.78
5	A7	我願意訂閱該網路書店的電子報	3.85	0.96
6	A8	我願意參加該網路書店所舉辦的線上活動（徵文、抽獎、遊戲等）	3.84	0.92
7	A2	我願意使用該網路書店的留言版功能	3.29	0.85
8	A1	我願意使用該網路書店的討論區功能	3.22	0.86
9	A3	我願意使用該網路書店的聊天室功能	2.83	0.86
行動體驗因素			3.73	0.84

　　根據表 4-2-5a 及 4-2-5b 的調查結果顯示，本研究樣本中男性對網站關聯體驗因素之重視程度排名，第一位的為「會員可享有會員專屬服務」（平均數 3.85，標準差 0.75）；排名第二

的為「可以提升文化水準」（平均數 3.45，標準差 0.89）；第三
的則為「由知名的出版社或實體書店所成立」（平均數 3.40，
標準差 1.03）；而排名最後的因素是「感受到與其他網友是同
一個團體」（平均數 3.01，標準差 0.88）。

表 4-2-5a　網路書店虛擬社群男性對關聯體驗之因素排名

排名	題項代號	關聯體驗因素	平均數	標準差
1	R8	加入該網路書店會員可享有會員專屬服務	3.85	0.75
2	R7	常上該網路書店可以提升文化水準	3.45	0.89
3	R1	該網路書店是由知名的出版社或實體書店所成立的	3.40	1.03
4	R3	該網路書店有熱門書籍的專屬討論區（如失戀雜誌、哈利波特等）	3.37	0.79
5	R6	該網路書店會讓使用者有一種認同感	3.34	0.93
6	R5	該網路書店的經營氣氛或風格具有某種社會規範	3.25	0.91
7	R2	該網路書店有知名作家的專屬討論區（如金庸、村上春樹等）	3.24	0.86
8	R9	加入該網路書店會員可與其他網友增加關聯	3.09	0.87
9	R4	該網路書店讓我感受到我與其他網友是同一個團體	3.01	0.88
關聯體驗因素			3.33	0.88

　　樣本中女性對網站關聯體驗因素之重視程度排名，第一位
的為「會員可享有會員專屬服務」（平均數3.92，標準差0.75）；
排名第二的為「有熱門書籍的專屬討論區」（平均數 3.65，標
準差0.89）；第三的則為「可以提升文化水準」（平均數3.58，
標準差 0.94）；而排名最後的因素是「感受到與其他網友是同
一個團體」（平均數2.92，標準差0.91）。

表 4-2-5b　網路書店虛擬社群女性對關聯體驗之因素排名

排名	題項代號	關聯體驗因素	平均數	標準差
1	R8	加入該網路書店會員可享有會員專屬服務	3.92	0.75
2	R3	該網路書店有熱門書籍的專屬討論區（如失戀雜誌、哈利波特等）	3.65	0.89
3	R7	常上該網路書店可以提升文化水準	3.58	0.94
4	R1	該網路書店是由知名的出版社或實體書店所成立的	3.50	1.11
5	R2	該網路書店有知名作家的專屬討論區（如金庸、村上春樹等）	3.50	0.89
6	R6	該網路書店會讓使用者有一種認同感	3.47	0.84
7	R5	該網路書店的經營氣氛或風格具有某種社會規範	3.37	0.83
8	R9	加入該網路書店會員可與其他網友增加關聯	3.04	0.96
9	R4	該網路書店讓我感受到我與其他網友是同一個團體	2.92	0.91
關聯體驗因素			3.44	0.90

2.年齡

根據表 4-2-6a、4-2-6b、4-2-6c、4-2-6d、4-2-6e、4-2-6f
及 4-2-6g 的調查結果顯示，本研究樣本中年齡在 14 歲以下對
網站感官體驗因素之重視程度排名，第一位的為「名稱令人印
象深刻」（平均數 4.60，標準差 0.55）；排名第二的為「網頁配
色具吸引力」（平均數 4.20，標準差 0.45）；第三的則為「整體
導覽架構清楚明瞭」（平均數 4.20，標準差 0.45）；而排名最後
的因素是「注意到網站上的廣告」（平均數 3.60，標準差 0.89）。

表 4-2-6a　網路書店虛擬社群中年齡在 14 歲以下對感官體
驗之因素排名

排名	題項代號	感官體驗因素	平均數	標準差
1	S1	該網路書店名稱令人印象深刻	4.60	0.55
2	S2	該網路書店的網頁配色具吸引力	4.20	0.45
3	S7	該網路書店的整體導覽架構清楚明瞭	4.20	0.45
4	S3	該網路書店的圖片配置具吸引力	4.00	0.71
5	S5	該網路書店文字與圖片的比例適中	3.80	0.45
6	S4	我喜歡該網路書店的設計風格	3.60	0.89
7	S6	我會常常注意到該網路書店上的廣告	3.60	0.89
感官體驗因素			4.00	0.63

　　樣本中年齡在 15~19 歲對網站感官體驗因素之重視程度排名，第一位的為「圖片配置具吸引力」（平均數 3.86，標準差 0.76）；排名第二的為「文字與圖片比例適中」（平均數 3.78，標準差 0.83）；第三的則為「網頁配色具吸引力」（平均數 3.75，標準差 0.73）；而排名最後的因素是「注意到網站上的廣告」（平均數 3.08，標準差 1.13）。

表 4-2-6b　網路書店虛擬社群中年齡在 15~19 歲對感官體驗之因素排名

排名	題項代號	感官體驗因素	平均數	標準差
1	S3	該網路書店的圖片配置具吸引力	3.86	0.76
2	S5	該網路書店文字與圖片的比例適中	3.78	0.83
3	S2	該網路書店的網頁配色具吸引力	3.75	0.73
4	S4	我喜歡該網路書店的設計風格	3.75	0.84
5	S7	該網路書店的整體導覽架構清楚明瞭	3.72	0.91
6	S1	該網路書店名稱令人印象深刻	3.47	0.84
7	S6	我會常常注意到該網路書店上的廣告	3.08	1.13
感官體驗因素			3.63	0.87

　　樣本中年齡在 20~24 歲對網站感官體驗因素之重視程度排名，第一位的為「整體導覽架構清楚明瞭」（平均數 3.75，標準差 0.86）；排名第二的為「文字與圖片比例適中」（平均數 3.66，標準差 0.73）；第三的則為「名稱令人印象深刻」（平均數 3.62，標準差 0.84）；而排名最後的因素是「注意到網站上的廣告」（平均數 3.15，標準差 1.02）。

表 4-2-6c　網路書店虛擬社群中年齡在 20~24 歲對感官體
驗之因素排名

排名	題項代號	感官體驗因素	平均數	標準差
1	S7	該網路書店的整體導覽架構清楚明瞭	3.75	0.86
2	S5	該網路書店文字與圖片的比例適中	3.66	0.73
3	S1	該網路書店名稱令人印象深刻	3.62	0.84
4	S4	我喜歡該網路書店的設計風格	3.60	0.81
5	S2	該網路書店的網頁配色具吸引力	3.59	0.81
6	S3	該網路書店的圖片配置具吸引力	3.45	0.80
7	S6	我會常常注意到該網路書店上的廣告	3.15	1.02
感官體驗因素			3.54	0.84

　　樣本中年齡在 25~29 歲對網站感官體驗因素之重視程度
排名，第一位的為「整體導覽架構清楚明瞭」（平均數 3.75，
標準差 0.90）；排名第二的為「名稱令人印象深刻」（平均數
3.72，標準差 0.70）；第三的則為「設計風格」（平均數 3.66，
標準差 0.78）；而排名最後的因素是「注意到網站上的廣告」
（平均數 3.16，標準差 1.00）。

表 4-2-6d　網路書店虛擬社群中年齡在 25~29 歲對感官體
驗之因素排名

排名	題項代號	感官體驗因素	平均數	標準差
1	S7	該網路書店的整體導覽架構清楚明瞭	3.75	0.90
2	S1	該網路書店名稱令人印象深刻	3.72	0.70

3	S4	我喜歡該網路書店的設計風格	3.66	0.78
4	S5	該網路書店文字與圖片的比例適中	3.65	0.78
5	S3	該網路書店的圖片配置具吸引力	3.54	0.74
6	S2	該網路書店的網頁配色具吸引力	3.52	0.76
7	S6	我會常常注意到該網路書店上的廣告	3.16	1.00
感官體驗因素			3.57	0.81

　　樣本中年齡在 30~39 歲對網站感官體驗因素之重視程度排名，第一位的為「整體導覽架構清楚明瞭」（平均數 3.85，標準差 0.72）；排名第二的為「名稱令人印象深刻」（平均數 3.71，標準差 0.62）；第三的則為「設計風格」（平均數 3.65，標準差 0.64）；而排名最後的因素是「注意到網站上的廣告」（平均數 3.14，標準差 0.94）。

表 4-2-6e　網路書店虛擬社群中年齡在 30~39 歲對感官體驗之因素排名

排名	題項代號	感官體驗因素	平均數	標準差
1	S7	該網路書店的整體導覽架構清楚明瞭	3.85	0.72
2	S1	該網路書店名稱令人印象深刻	3.71	0.62
3	S4	我喜歡該網路書店的設計風格	3.65	0.64
4	S5	該網路書店文字與圖片的比例適中	3.62	0.66

5	S2	該網路書店的網頁配色具吸引力	3.55	0.60
6	S3	該網路書店的圖片配置具吸引力	3.47	0.69
7	S6	我會常常注意到該網路書店上的廣告	3.14	0.94
感官體驗因素			3.57	0.69

　　樣本中年齡在 40~49 歲對網站感官體驗因素之重視程度排名，第一位的為「整體導覽架構清楚明瞭」（平均數 3.82，標準差 0.64）；排名第二的為「名稱令人印象深刻」（平均數 3.71，標準差 0.77）；第三的則為「網頁配色具吸引力」（平均數 3.53，標準差 0.72）；而排名最後的因素是「注意到網站上的廣告」（平均數 3.24，標準差 1.15）。

表 4-2-6f　網路書店虛擬社群中年齡在 40~49 歲對感官體驗之因素排名

排名	題項代號	感官體驗因素	平均數	標準差
1	S7	該網路書店的整體導覽架構清楚明瞭	3.82	0.64
2	S1	該網路書店名稱令人印象深刻	3.71	0.77
3	S3	該網路書店的圖片配置具吸引力	3.53	0.72
4	S5	該網路書店文字與圖片的比例適中	3.53	0.72
5	S4	我喜歡該網路書店的設計風格	3.47	0.72
6	S2	該網路書店的網頁配色具吸引力	3.29	0.69
7	S6	我會常常注意到該網路書店上的廣告	3.24	1.15
感官體驗因素			3.51	0.77

樣本中年齡在 50~59 歲對網站感官體驗因素之重視程度
排名，第一位的為「名稱令人印象深刻」（平均數 3.75，標準
差 0.50）；排名第二的為「整體導覽架構清楚明瞭」（平均數
3.75，標準差 0.50）；第三的則為「網頁配色具吸引力」（平均
數 3.50，標準差 0.58）；而排名最後的因素是「注意到網站上
的廣告」（平均數 2.50，標準差 1.00）。

表 4-2-6g　網路書店虛擬社群中年齡在 50~59 歲對感官體
驗之因素排名

排名	題項代號	感官體驗因素	平均數	標準差
1	S1	該網路書店名稱令人印象深刻	3.75	0.50
2	S7	該網路書店的整體導覽架構清楚明瞭	3.75	0.50
3	S2	該網路書店的網頁配色具吸引力	3.50	0.58
4	S3	該網路書店的圖片配置具吸引力	3.50	0.58
5	S4	我喜歡該網路書店的設計風格	3.25	0.96
6	S5	該網路書店文字與圖片的比例適中	3.25	0.50
7	S6	我會常常注意到該網路書店上的廣告	2.50	1.00
感官體驗因素			3.36	0.66

根據表 4-2-7a、4-2-7b、4-2-7c、4-2-7d、4-2-7e、4-2-7f 及 4-2-7g 的調查結果顯示，本研究樣本中年齡在 14 歲以下對網站情感體驗因素之重視程度排名，第一位的為「針對顧客需求提供個人化的服務和資訊內容」（平均數 4.80，標準差 0.45）；排名第二的為「會主動關心使用者的需求與喜好」（平均數 4.20，標準差 0.45）；第三的則為「找到共同興趣的人互相交流」（平均數 3.80，標準差 0.45）；而排名最後的因素是「網友常提供我一些情感上的支持」（平均數 3.20，標準差 0.45）。

表 4-2-7a　網路書店虛擬社群中年齡在 14 歲以下對情感體驗之因素排名

排名	題項代號	情感體驗因素	平均數	標準差
1	F5	該網路書店針對顧客需求提供個人化的服務和資訊內容（推薦書單），使我覺得受到尊重	4.80	0.45
2	F6	該網路書店會主動關心使用者的需求與喜好	4.20	0.45
3	F1	上該網路書店可以找到共同興趣的人互相交流	3.80	0.45
4	F3	上該網路書店可以抒發個人情感	3.60	0.89
5	F4	該網路書店的售後服務良好（退換書服務）	3.40	0.89
6	F2	該網路書店的網友常提供我一些情感上的支持	3.20	0.45
情感體驗因素			3.83	0.60

　　樣本中年齡在 15~19 歲對網站情感體驗因素之重視程度排名，第一位的為「售後服務良好」（平均數 3.64，標準差 0.76）；排名第二的為「針對顧客需求提供個人化的服務和資訊內容」（平均數 3.61，標準差 0.90）；第三的則為「抒發個人情感」（平均數 3.25，標準差 1.13）；而排名最後的因素是「網友常提供我一些情感上的支持」（平均數 2.92，標準差 1.08）。

表 4-2-7b　網路書店虛擬社群中年齡在 15~19 歲對情感體驗之因素排名

排名	題項代號	情感體驗因素	平均數	標準差
1	F4	該網路書店的售後服務良好（退換書服務）	3.64	0.76
2	F5	該網路書店針對顧客需求提供個人化的服務和資訊內容（推薦書單），使我覺得受到尊重	3.61	0.90
3	F3	上該網路書店可以抒發個人情感	3.25	1.13
4	F6	該網路書店會主動關心使用者的需求與喜好	3.25	1.00
5	F1	上該網路書店可以找到共同興趣的人互相交流	3.03	0.97
6	F2	該網路書店的網友常提供我一些情感上的支持	2.92	1.08
情感體驗因素			3.28	0.97

　　樣本中年齡在 20~24 歲對網站情感體驗因素之重視程度排名，第一位的為「售後服務良好」（平均數 3.65，標準差 0.76）；排名第二的為「針對顧客需求提供個人化的服務和資訊內容」（平均數 3.59，標準差 0.90）；第三的則為「主動關心使用者的需求與喜好」（平均數 3.16，標準差 0.97）；而排名最後的因素是「網友常提供我一些情感上的支持」（平均數 2.62，標準差 1.00）。

表 4-2-7c　網路書店虛擬社群中年齡在 20~24 歲對情感體驗之因素排名

排名	題項代號	情感體驗因素	平均數	標準差
1	F4	該網路書店的售後服務良好（退換書服務）	3.65	0.76
2	F5	該網路書店針對顧客需求提供個人化的服務和資訊內容（推薦書單），使我覺得受到尊重	3.59	0.90
3	F6	該網路書店會主動關心使用者的需求與喜好	3.16	0.97
4	F1	上該網路書店可以找到共同興趣的人互相交流	2.90	0.99
5	F3	上該網路書店可以抒發個人情感	2.89	0.96
6	F2	該網路書店的網友常提供我一些情感上的支持	2.62	1.00
情感體驗因素			3.14	0.93

　　樣本中年齡在 25~29 歲對網站情感體驗因素之重視程度
排名，第一位的為「售後服務良好」（平均數 3.59，標準差
0.85）；排名第二的為「針對顧客需求提供個人化的服務和資
訊內容」（平均數 3.49，標準差 0.95）；第三的則為「主動關心
使用者的需求與喜好」（平均數 3.11，標準差 1.10）；而排名最
後的因素是「網友常提供我一些情感上的支持」（平均數 2.62，
標準差 0.88）。

表 4-2-7d　網路書店虛擬社群中年齡在 25~29 歲對情感體
驗之因素排名

排名	題項代號	情感體驗因素	平均數	標準差
1	F4	該網路書店的售後服務良好（退換書服務）	3.59	0.85
2	F5	該網路書店針對顧客需求提供個人化的服務和資訊內容（推薦書單），使我覺得受到尊重	3.49	0.95
3	F6	該網路書店會主動關心使用者的需求與喜好	3.11	1.10
4	F1	上該網路書店可以找到共同興趣的人互相交流	2.90	0.89
5	F3	上該網路書店可以抒發個人情感	2.71	0.98
6	F2	該網路書店的網友常提供我一些情感上的支持	2.62	0.88
情感體驗因素			3.07	0.94

　　樣本中年齡在 30~39 歲對網站情感體驗因素之重視程度
排名，第一位的為「售後服務良好」（平均數 3.68，標準差
0.77）；排名第二的為「針對顧客需求提供個人化的服務和資
訊內容」（平均數 3.54，標準差 0.97）；第三的則為「主動關心
使用者的需求與喜好」（平均數 3.33，標準差 0.97）；而排名最
後的因素是「網友常提供我一些情感上的支持」（平均數 2.63，
標準差 0.94）。

表 4-2-7e　網路書店虛擬社群中年齡在 30~39 歲對情感體
驗之因素排名

排名	題項代號	情感體驗因素	平均數	標準差
1	F4	該網路書店的售後服務良好（退換書服務）	3.68	0.77
2	F5	該網路書店針對顧客需求提供個人化的服務和資訊內容（推薦書單），使我覺得受到尊重	3.54	0.97
3	F6	該網路書店會主動關心使用者的需求與喜好	3.33	0.97
4	F1	上該網路書店可以找到共同興趣的人互相交流	2.86	0.90
5	F3	上該網路書店可以抒發個人情感	2.75	0.99
6	F2	該網路書店的網友常提供我一些情感上的支持	2.63	0.94
情感體驗因素			3.13	0.92

　　樣本中年齡在 40~49 歲對網站情感體驗因素之重視程度排名，第一位的為「售後服務良好」（平均數 3.71，標準差 0.69）；排名第二的為「主動關心使用者的需求與喜好」（平均數 3.29，標準差 0.99）；第三的則為「針對顧客需求提供個人化的服務和資訊內容」（平均數 3.24，標準差 0.75）；而排名最後的因素是「抒發個人情感」（平均數 2.59，標準差 1.06）。

表 4-2-7f　網路書店虛擬社群中年齡在 40~49 歲對情感體驗之因素排名

排名	題項代號	情感體驗因素	平均數	標準差
1	F4	該網路書店的售後服務良好（退換書服務）	3.71	0.69
2	F6	該網路書店會主動關心使用者的需求與喜好	3.29	0.99
3	F5	該網路書店針對顧客需求提供個人化的服務和資訊內容（推薦書單），使我覺得受到尊重	3.24	0.75
4	F1	上該網路書店可以找到共同興趣的人互相交流	2.94	0.97
5	F2	該網路書店的網友常提供我一些情感上的支持	2.76	1.03
6	F3	上該網路書店可以抒發個人情感	2.59	1.06
情感體驗因素			3.09	0.91

樣本中年齡在 50~59 歲對網站情感體驗因素之重視程度
排名，第一位的為「售後服務良好」（平均數 3.25，標準差
0.50）；排名第二的為「針對顧客需求提供個人化的服務和資
訊內容」（平均數 3.25，標準差 0.50）；第三的則為「找到共同
興趣的人互相交流」（平均數 3.00，標準差 0.82）；而排名最後
的因素是「網友常提供我一些情感上的支持」（平均數 2.50，
標準差 1.00）。

表 4-2-7g　網路書店虛擬社群中年齡在 50~59 歲對情感體
驗之因素排名

排名	題項代號	情感體驗因素	平均數	標準差
1	F4	該網路書店的售後服務良好（退換書服務）	3.25	0.50
2	F5	該網路書店針對顧客需求提供個人化的服務和資訊內容（推薦書單），使我覺得受到尊重	3.25	0.50
3	F1	上該網路書店可以找到共同興趣的人互相交流	3.00	0.82
4	F3	上該網路書店可以抒發個人情感	2.75	0.96
5	F6	該網路書店會主動關心使用者的需求與喜好	2.75	1.26
6	F2	該網路書店的網友常提供我一些情感上的支持	2.50	1.00
情感體驗因素			2.92	0.84

根據表 4-2-8a、4-2-8b、4-2-8c、4-2-8d、4-2-8e、4-2-8f 及 4-2-8g 的調查結果顯示，本研究樣本中年齡在 14 歲以下對網站思考體驗因素之重視程度排名，第一位的為「激發使用者創意思考」（平均數 4.40，標準差 0.55）；排名第二的為「內容多元、饒富趣味」（平均數 4.20，標準差 0.45）；第三的則為「書籍分類方式很恰當」（平均數 4.20，標準差 0.45）；而排名最後的因素是「討論區的資訊流通快速」（平均數 3.60，標準差 0.89）。

表 4-2-8a　網路書店虛擬社群年齡在 14 歲以下對思考體驗之因素排名

排名	題項代號	思考體驗因素	平均數	標準差
1	T2	該網路書店所舉辦的活動或遊戲充滿新意，可以激發使用者創意思考	4.40	0.55
2	T1	該網路書店內容多元、饒富趣味	4.20	0.45
3	T8	該網路書店的書籍分類方式很恰當	4.20	0.45
4	T3	該網路書店的相關內容更新快速	3.80	0.45
5	T6	該網路書店的電子報內容豐富	3.80	1.10
6	T4	該網路書店設有特殊的主題討論區（如知名作家或熱門書籍的專屬討論區）	3.60	0.89
7	T5	該網路書店有許多專業人士在主題討論區	3.60	0.89
8	T7	該網路書店討論區的資訊流通快速	3.60	0.89
思考體驗因素			3.90	0.71

　　樣本中年齡在 15~19 歲對網站思考體驗因素之重視程度
排名，第一位的為「相關內容更新快速」（平均數 3.89，標準
差 0.75）；排名第二的為「內容多元、饒富趣味」（平均數 3.81，
標準差 0.71）；第三的則為「書籍分類方式很恰當」（平均數
3.78，標準差 0.80）；而排名最後的因素是「有許多專業人士
在主題討論區」（平均數 3.25，標準差 0.77）。

表 4-2-8b　網路書店虛擬社群年齡在 15~19 歲對思考體驗
之因素排名

排名	題項代號	思考體驗因素	平均數	標準差
1	T3	該網路書店的相關內容更新快速	3.89	0.75
2	T1	該網路書店內容多元、饒富趣味	3.81	0.71
3	T8	該網路書店的書籍分類方式很恰當	3.78	0.80
4	T4	該網路書店設有特殊的主題討論區（如知名作家或熱門書籍的專屬討論區）	3.75	0.84
5	T7	該網路書店討論區的資訊流通快速	3.72	0.85
6	T6	該網路書店的電子報內容豐富	3.50	0.74
7	T2	該網路書店所舉辦的活動或遊戲充滿新意，可以激發使用者創意思考	3.44	0.77
8	T5	該網路書店有許多專業人士在主題討論區	3.25	0.77
思考體驗因素			3.64	0.78

　　樣本中年齡在 20~24 歲對網站思考體驗因素之重視程度排名，第一位的為「相關內容更新快速」（平均數 3.87，標準差 0.72）；排名第二的為「書籍分類方式很恰當」（平均數 3.77，標準差 0.80）；第三的則為「設有特殊的主題討論區」（平均數 3.75，標準差 0.85）；而排名最後的因素是「有許多專業人士在主題討論區」（平均數 3.25，標準差 0.86）。

表 4-2-8c　網路書店虛擬社群年齡在 20~24 歲對思考體驗之因素排名

排名	題項代號	思考體驗因素	平均數	標準差
1	T3	該網路書店的相關內容更新快速	3.87	0.72
2	T8	該網路書店的書籍分類方式很恰當	3.77	0.80
3	T4	該網路書店設有特殊的主題討論區（如知名作家或熱門書籍的專屬討論區）	3.75	0.85
4	T1	該網路書店內容多元、饒富趣味	3.73	0.79
5	T7	該網路書店討論區的資訊流通快速	3.58	0.83
6	T6	該網路書店的電子報內容豐富	3.50	0.81
7	T2	該網路書店所舉辦的活動或遊戲充滿新意，可以激發使用者創意思考	3.32	0.85
8	T5	該網路書店有許多專業人士在主題討論區	3.25	0.86
思考體驗因素			3.60	0.81

樣本中年齡在 25~29 歲對網站思考體驗因素之重視程度
排名,第一位的為「相關內容更新快速」(平均數 3.84,標準差
0.78);排名第二的為「書籍分類方式很恰當」(平均數 3.75,
標準差 0.83);第三的則為「設有特殊的主題討論區」(平均數
3.70,標準差 0.74);而排名最後的因素是「有許多專業人士在
主題討論區」(平均數 3.19,標準差 0.92)。

表 4-2-8d　　網路書店虛擬社群年齡在 25~29 歲對思考體驗
之因素排名

排名	題項代號	思考體驗因素	平均數	標準差
1	T3	該網路書店的相關內容更新快速	3.84	0.78
2	T8	該網路書店的書籍分類方式很恰當	3.75	0.83
3	T4	該網路書店設有特殊的主題討論區(如知名作家或熱門書籍的專屬討論區)	3.70	0.74
4	T1	該網路書店內容多元、饒富趣味	3.69	0.77
5	T7	該網路書店討論區的資訊流通快速	3.51	0.84
6	T6	該網路書店的電子報內容豐富	3.40	0.92
7	T2	該網路書店所舉辦的活動或遊戲充滿新意,可以激發使用者創意思考	3.26	0.81
8	T5	該網路書店有許多專業人士在主題討論區	3.19	0.92
思考體驗因素			3.54	0.83

　　樣本中年齡在 30~39 歲對網站思考體驗因素之重視程度排名，第一位的為「相關內容更新快速」（平均數 3.85，標準差0.71）；排名第二的為「書籍分類方式很恰當」（平均數 3.85，標準差 0.71）；第三的則為「內容多元、饒富趣味」（平均數 3.61，標準差 0.77）；而排名最後的因素是「有許多專業人士在主題討論區」（平均數 3.19，標準差 0.92）。

表 4-2-8e　網路書店虛擬社群年齡在 30~39 歲對思考體驗之因素排名

排名	題項代號	思考體驗因素	平均數	標準差
1	T3	該網路書店的相關內容更新快速	3.85	0.71
2	T8	該網路書店的書籍分類方式很恰當	3.85	0.71
3	T1	該網路書店內容多元、饒富趣味	3.61	0.77
4	T4	該網路書店設有特殊的主題討論區（如知名作家或熱門書籍的專屬討論區）	3.53	0.90
5	T7	該網路書店討論區的資訊流通快速	3.46	0.96
6	T6	該網路書店的電子報內容豐富	3.38	0.94
7	T2	該網路書店所舉辦的活動或遊戲充滿新意，可以激發使用者創意思考	3.23	0.75
8	T5	該網路書店有許多專業人士在主題討論區	3.19	0.92
思考體驗因素			3.51	0.83

　　樣本中年齡在 40~49 歲對網站思考體驗因素之重視程度
排名，第一位的為「書籍分類方式很恰當」（平均數 3.65，標
準差 0.86）；排名第二的為「相關內容更新快速」（平均數 3.59，
標準差 0.71）；第三的則為「設有特殊的主題討論區」（平均數
3.53，標準差 0.80）；而排名最後的因素是「有許多專業人士
在主題討論區」（平均數 3.12，標準差 0.49）。

表 4-2-8f　網路書店虛擬社群年齡在 40~49 歲對思考體驗
之因素排名

排名	題項代號	思考體驗因素	平均數	標準差
1	T8	該網路書店的書籍分類方式很恰當	3.65	0.86
2	T3	該網路書店的相關內容更新快速	3.59	0.71
3	T4	該網路書店設有特殊的主題討論區（如知名作家或熱門書籍的專屬討論區）	3.53	0.80
4	T1	該網路書店內容多元、饒富趣味	3.47	0.87
5	T6	該網路書店的電子報內容豐富	3.29	0.77
6	T7	該網路書店討論區的資訊流通快速	3.29	0.85
7	T2	該網路書店所舉辦的活動或遊戲充滿新意，可以激發使用者創意思考	3.24	0.66
8	T5	該網路書店有許多專業人士在主題討論區	3.12	0.49
思考體驗因素			3.40	0.75

樣本中年齡在 50~49 歲對網站思考體驗因素之重視程度
排名，第一位的為「相關內容更新快速」（平均數 3.75，標準
差 0.50）；排名第二的為「設有特殊的主題討論區」（平均數
3.50，標準差 0.58）；第三的則為「激發使用者創意思考」（平
均數 3.25，標準差 0.96）；而排名最後的因素是「討論區的資
訊流通快速」（平均數 2.75，標準差 1.50）。

表 4-2-8g　網路書店虛擬社群年齡在 50~59 歲對思考體驗
之因素排名

排名	題項代號	思考體驗因素	平均數	標準差
1	T3	該網路書店的相關內容更新快速	3.75	0.50
2	T4	該網路書店設有特殊的主題討論區（如知名作家或熱門書籍的專屬討論區）	3.50	0.58
3	T2	該網路書店所舉辦的活動或遊戲充滿新意，可以激發使用者創意思考	3.25	0.96
4	T6	該網路書店的電子報內容豐富	3.25	0.50
5	T8	該網路書店的書籍分類方式很恰當	3.25	0.96
6	T1	該網路書店內容多元、饒富趣味	3.00	0.82
7	T5	該網路書店有許多專業人士在主題討論區	2.75	0.96
8	T7	該網路書店討論區的資訊流通快速	2.75	1.50
思考體驗因素			3.19	0.85

　　根據表 4-2-9a、4-2-9b、4-2-9c、4-2-9d、4-2-9e、4-2-9f 及
4-2-9g 的調查結果顯示，本研究樣本中年齡在 14 歲以下對網
站行動體驗因素之重視程度排名，第一位的為「書摘內容試閱
功能」（平均數 4.80，標準差 0.45）；排名第二的為「註冊成為
會員」（平均數 4.00，標準差 0.71）；第三的則為「參加促銷活
動」（平均數 4.00，標準差 0.71）；而排名最後的因素是「訂閱
電子報」（平均數 2.80，標準差 1.30）。

表 4-2-9a　網路書店虛擬社群年齡在 14 歲以下對行動體驗
之因素排名

排名	題項代號	行動體驗因素	平均數	標準差
1	A4	我願意使用該網路書店的書摘內容試閱功能	4.80	0.45
2	A6	我願意註冊成為該網路書店的會員	4.00	0.71
3	A9	我願意參加該網路書店所舉辦的促銷活動（減價、電子折價券等）	4.00	0.71
4	A8	我願意參加該網路書店所舉辦的線上活動（徵文、抽獎、遊戲等）	3.80	1.10
5	A1	我願意使用該網路書店的討論區功能	3.40	0.89
6	A2	我願意使用該網路書店的留言版功能	3.40	0.89
7	A3	我願意使用該網路書店的聊天室功能	3.20	0.45
8	A5	我願意使用該網路書店的訂單查詢功能	3.00	1.41
9	A7	我願意訂閱該網路書店的電子報	2.80	1.30
行動體驗因素			3.60	0.88

　　樣本中年齡在 15~19 歲對網站行動體驗因素之重視程度排名，第一位的為「書摘內容試閱功能」（平均數 4.25，標準差 0.73）；排名第二的為「參加線上活動」（平均數 4.03，標準差 1.08）；第三的則為「註冊成為會員」（平均數 4.00，標準差 1.07）；而排名最後的因素是「聊天室功能」（平均數 3.03，標準差 0.88）。

表 4-2-9b　網路書店虛擬社群年齡在 15~19 歲對行動體驗之因素排名

排名	題項代號	行動體驗因素	平均數	標準差
1	A4	我願意使用該網路書店的書摘內容試閱功能	4.25	0.73
2	A8	我願意參加該網路書店所舉辦的線上活動（徵文、抽獎、遊戲等）	4.03	1.08
3	A6	我願意註冊成為該網路書店的會員	4.00	1.07
4	A9	我願意參加該網路書店所舉辦的促銷活動（減價、電子折價券等）	4.00	0.99
5	A5	我願意使用該網路書店的訂單查詢功能	3.89	1.01
6	A7	我願意訂閱該網路書店的電子報	3.58	1.11
7	A2	我願意使用該網路書店的留言版功能	3.50	0.97
8	A1	我願意使用該網路書店的討論區功能	3.33	0.86
9	A3	我願意使用該網路書店的聊天室功能	3.03	0.88
行動體驗因素			3.73	0.97

　　樣本中年齡在 20~24 歲對網站行動體驗因素之重視程度排名，第一位的為「訂單查詢功能」（平均數 4.12，標準差 0.74）；排名第二的為「書摘內容試閱功能」（平均數 4.11，標準差 0.78）；第三的則為「註冊成為會員」（平均數 4.05，標準差 0.80）；而排名最後的因素是「聊天室功能」（平均數 2.82，標準差 0.83）。

表 4-2-9c　網路書店虛擬社群年齡在 20~24 歲對行動體驗之因素排名

排名	題項代號	行動體驗因素	平均數	標準差
1	A5	我願意使用該網路書店的訂單查詢功能	4.12	0.74
2	A4	我願意使用該網路書店的書摘內容試閱功能	4.11	0.78
3	A6	我願意註冊成為該網路書店的會員	4.05	0.80
4	A9	我願意參加該網路書店所舉辦的促銷活動（減價、電子折價券等）	4.05	0.82
5	A8	我願意參加該網路書店所舉辦的線上活動（徵文、抽獎、遊戲等）	3.76	0.92
6	A7	我願意訂閱該網路書店的電子報	3.71	0.96
7	A2	我願意使用該網路書店的留言版功能	3.30	0.82
8	A1	我願意使用該網路書店的討論區功能	3.24	0.85
9	A3	我願意使用該網路書店的聊天室功能	2.82	0.83
行動體驗因素			3.68	0.84

　　樣本中年齡在 25~29 歲對網站行動體驗因素之重視程度排名，第一位的為「書摘內容試閱功能」（平均數 4.20，標準差 0.60）；排名第二的為「訂單查詢功能」（平均數 4.20，標準差 0.71）；第三的則為「註冊成為會員」（平均數 4.17，標準差 0.75）；而排名最後的因素是「聊天室功能」（平均數 2.82，標準差 0.89）。

表 4-2-9d　網路書店虛擬社群年齡在 25~29 歲對行動體驗之因素排名

排名	題項代號	行動體驗因素	平均數	標準差
1	A4	我願意使用該網路書店的書摘內容試閱功能	4.20	0.60
2	A5	我願意使用該網路書店的訂單查詢功能	4.20	0.71
3	A6	我願意註冊成為該網路書店的會員	4.17	0.75
4	A9	我願意參加該網路書店所舉辦的促銷活動（減價、電子折價券等）	4.05	0.78
5	A7	我願意訂閱該網路書店的電子報	3.91	0.90
6	A8	我願意參加該網路書店所舉辦的線上活動（徵文、抽獎、遊戲等）	3.81	0.88
7	A2	我願意使用該網路書店的留言版功能	3.22	0.88
8	A1	我願意使用該網路書店的討論區功能	3.15	0.85
9	A3	我願意使用該網路書店的聊天室功能	2.82	0.89
行動體驗因素			3.72	0.81

　　樣本中年齡在 30~39 歲對網站行動體驗因素之重視程度排名，第一位的為「訂單查詢功能」（平均數 4.25，標準差 0.58）；排名第二的為「書摘內容試閱功能」（平均數 4.22，標準差 0.57）；第三的則為「註冊成為會員」（平均數 4.16，標準差 0.60）；而排名最後的因素是「聊天室功能」（平均數 2.94，標準差 0.80）。

表 4-2-9e　網路書店虛擬社群年齡在 30~39 歲對行動體驗
之因素排名

排名	題項代號	行動體驗因素	平均數	標準差
1	A5	我願意使用該網路書店的訂單查詢功能	4.25	0.58
2	A4	我願意使用該網路書店的書摘內容試閱功能	4.22	0.57
3	A6	我願意註冊成為該網路書店的會員	4.16	0.60
4	A9	我願意參加該網路書店所舉辦的促銷活動（減價、電子折價券等）	4.14	0.56
5	A7	我願意訂閱該網路書店的電子報	3.98	0.78
6	A8	我願意參加該網路書店所舉辦的線上活動（徵文、抽獎、遊戲等）	3.70	0.88
7	A2	我願意使用該網路書店的留言版功能	3.29	0.80
8	A1	我願意使用該網路書店的討論區功能	3.17	0.88
9	A3	我願意使用該網路書店的聊天室功能	2.94	0.80
行動體驗因素			3.76	0.72

　　樣本中年齡在 40~49 歲對網站行動體驗因素之重視程度
排名，第一位的為「訂單查詢功能」（平均數 4.12，標準差 0.49）；
排名第二的為「促銷活動」（平均數 4.06，標準差 0.83）；第三
的則為「書摘內容試閱功能」（平均數 4.00，標準差 0.79）；而
排名最後的因素是「聊天室功能」（平均數 2.76，標準差 0.66）。

表 4-2-9f　網路書店虛擬社群年齡在 40~49 歲對行動體驗
之因素排名

排名	題項代號	行動體驗因素	平均數	標準差
1	A5	我願意使用該網路書店的訂單查詢功能	4.12	0.49
2	A9	我願意參加該網路書店所舉辦的促銷活動（減價、電子折價券等）	4.06	0.83
3	A4	我願意使用該網路書店的書摘內容試閱功能	4.00	0.79
4	A6	我願意註冊成為該網路書店的會員	4.00	0.87
5	A7	我願意訂閱該網路書店的電子報	3.53	0.87
6	A8	我願意參加該網路書店所舉辦的線上活動（徵文、抽獎、遊戲等）	3.47	0.80
7	A1	我願意使用該網路書店的討論區功能	3.12	0.86
8	A2	我願意使用該網路書店的留言版功能	3.00	0.87
9	A3	我願意使用該網路書店的聊天室功能	2.76	0.66
行動體驗因素			3.56	0.78

　　樣本中年齡在 50~59 歲對網站行動體驗因素之重視程度
排名，第一位的為「留言板功能」（平均數 4.00，標準差 0.00）；
排名第二的為「書摘內容試閱功能」（平均數 4.00，標準差
0.82）；第三的則為「訂單查詢功能」（平均數 4.00，標準差
0.82）；而排名最後的因素是「線上活動」（平均數 2.75，標準
差 0.50）。

表 4-2-9g　網路書店虛擬社群年齡在 50~59 歲對行動體驗
之因素排名

排名	題項代號	行動體驗因素	平均數	標準差
1	A2	我願意使用該網路書店的留言版功能	4.00	0.00
2	A4	我願意使用該網路書店的書摘內容試閱功能	4.00	0.82
3	A5	我願意使用該網路書店的訂單查詢功能	4.00	0.82
4	A6	我願意註冊成為該網路書店的會員	3.75	0.50
5	A3	我願意使用該網路書店的聊天室功能	3.50	1.00
6	A9	我願意參加該網路書店所舉辦的促銷活動（減價、電子折價券等）	3.50	0.58
7	A1	我願意使用該網路書店的討論區功能	3.25	0.96
8	A7	我願意訂閱該網路書店的電子報	2.75	0.50
9	A8	我願意參加該網路書店所舉辦的線上活動（徵文、抽獎、遊戲等）	2.75	0.50
行動體驗因素			3.50	0.63

　　根據表 4-2-10a, 4-2-10b, 4-2-10c, 4-2-10d, 4-2-10e, 4-2-10f,
及 4-2-10g 的調查結果顯示，本研究樣本中年齡在 14 歲以下對

網站關聯體驗因素之重視程度排名，第一位的為「會員可享有
會員專屬服務」（平均數 4.80，標準差 0.45）；排名第二的為「可
與其他網友增加關聯」（平均數 4.60，標準差 0.89）；第三的則
為「讓使用者有一種認同感」（平均數 4.20，標準差 0.45）；而
排名最後的因素是「有知名作家的專屬討論區」（平均數 3.40，
標準差 0.89）。

表 4-2-10a　網路書店虛擬社群年齡在 14 歲以下對關聯體
驗之因素排名

排名	題項代號	關聯體驗因素	平均數	標準差
1	R8	加入該網路書店會員可享有會員專屬服務	4.80	0.45
2	R9	加入該網路書店會員可與其他網友增加關聯	4.60	0.89
3	R6	該網路書店會讓使用者有一種認同感	4.20	0.45
4	R4	該網路書店讓我感受到我與其他網友是同一個團體	4.00	0.71
5	R5	該網路書店的經營氣氛或風格具有某種社會規範	4.00	0.71
6	R7	常上該網路書店可以提升文化水準	4.00	0.00
7	R3	該網路書店有熱門書籍的專屬討論區（如失戀雜誌、哈利波特等）	3.60	0.89
8	R1	該網路書店是由知名的出版社或實體書店所成立的	3.40	0.89
9	R2	該網路書店有知名作家的專屬討論區（如金庸、村上春樹等）	3.40	0.89
關聯體驗因素			4.00	0.65

　　樣本中年齡在 15~19 歲對網站關聯體驗因素之重視程度排名，第一位的為「會員可享有會員專屬服務」（平均數 3.92，標準差 0.73）；排名第二的為「讓使用者有一種認同感」（平均數 3.81，標準差 0.71）；第三的則為「可提升文化水準」（平均數 3.81，標準差 0.75）；而排名最後的因素是「可與其他網友增加關聯」（平均數 3.25，標準差 0.60）。

表 4-2-10b　　網路書店虛擬社群年齡在 15~19 歲對關聯體驗
之因素排名

排名	題項代號	關聯體驗因素	平均數	標準差
1	R8	加入該網路書店會員可享有會員專屬服務	3.92	0.73
2	R6	該網路書店會讓使用者有一種認同感	3.81	0.71
3	R7	常上該網路書店可以提升文化水準	3.81	0.75
4	R5	該網路書店的經營氣氛或風格具有某種社會規範	3.67	0.89
5	R3	該網路書店有熱門書籍的專屬討論區（如失戀雜誌、哈利波特等）	3.56	0.84
6	R4	該網路書店讓我感受到我與其他網友是同一個團體	3.28	0.85
7	R1	該網路書店是由知名的出版社或實體書店所成立的	3.25	1.05
8	R2	該網路書店有知名作家的專屬討論區（如金庸、村上春樹等）	3.25	0.84
9	R9	加入該網路書店會員可與其他網友增加關聯	3.25	0.60
關聯體驗因素			3.53	0.81

　　樣本中年齡在 20~24 歲對網站關聯體驗因素之重視程度排名，第一位的為「會員可享有會員專屬服務」（平均數 3.85，標準差 0.76）；排名第二的為「有熱門書籍的專屬討論區」（平均數 3.64，標準差 0.82）；第三的則為「可以提升文化水準」（平均數 3.56，標準差 0.93）；而排名最後的因素是「感受到與其他網友是同一個團體」（平均數 2.90，標準差 0.88）。

表 4-2-10c　網路書店虛擬社群年齡在 20~24 歲對關聯體驗之因素排名

排名	題項代號	關聯體驗因素	平均數	標準差
1	R8	加入該網路書店會員可享有會員專屬服務	3.85	0.76
2	R3	該網路書店有熱門書籍的專屬討論區（如失戀雜誌、哈利波特等）	3.64	0.82
3	R7	常上該網路書店可以提升文化水準	3.56	0.93
4	R1	該網路書店是由知名的出版社或實體書店所成立的	3.46	1.04
5	R2	該網路書店有知名作家的專屬討論區（如金庸、村上春樹等）	3.44	0.89
6	R6	該網路書店會讓使用者有一種認同感	3.36	0.92
7	R5	該網路書店的經營氣氛或風格具有某種社會規範	3.25	0.86
8	R9	加入該網路書店會員可與其他網友增加關聯	3.03	0.92
9	R4	該網路書店讓我感受到我與其他網友是同一個團體	2.90	0.88
關聯體驗因素			3.39	0.89

　　樣本中年齡在 25~29 歲對網站關聯體驗因素之重視程度
排名，第一位的為「會員可享有會員專屬服務」（平均數 3.91，
標準差 0.73）；排名第二的為「可以提升文化水準」（平均數
3.49，標準差 0.94）；第三的則為「有熱門書籍的專屬討論區」
（平均數 3.48，標準差 0.87）；而排名最後的因素是「感受到
與其他網友是同一個團體」（平均數 2.95，標準差 0.86）。

表 4-2-10d　網路書店虛擬社群年齡在 25~29 歲對關聯體驗
之因素排名

排名	題項代號	關聯體驗因素	平均數	標準差
1	R8	加入該網路書店會員可享有會員專屬服務	3.91	0.73
2	R7	常上該網路書店可以提升文化水準	3.49	0.94
3	R3	該網路書店有熱門書籍的專屬討論區（如失戀雜誌、哈利波特等）	3.48	0.87
4	R1	該網路書店是由知名的出版社或實體書店所成立的	3.41	1.14
5	R6	該網路書店會讓使用者有一種認同感	3.41	0.84
6	R2	該網路書店有知名作家的專屬討論區（如金庸、村上春樹等）	3.40	0.86
7	R5	該網路書店的經營氣氛或風格具有某種社會規範	3.33	0.84
8	R9	加入該網路書店會員可與其他網友增加關聯	3.01	0.93
9	R4	該網路書店讓我感受到我與其他網友是同一個團體	2.95	0.86
關聯體驗因素			3.38	0.89

　　樣本中年齡在 30~39 歲對網站關聯體驗因素之重視程度排名，第一位的為「會員可享有會員專屬服務」（平均數 3.91，標準差 0.70）；排名第二的為「由知名的出版社或實體書店所成立」（平均數 3.53，標準差 1.09）；第三的則為「可以提升文化水準」（平均數 3.59，標準差 0.97）；而排名最後的因素是「感受到與其他網友是同一個團體」（平均數 2.97，標準差 0.99）。

表 4-2-10e　網路書店虛擬社群年齡在 30~39 歲對關聯體驗
　　　　　之因素排名

排名	題項代號	關聯體驗因素	平均數	標準差
1	R8	加入該網路書店會員可享有會員專屬服務	3.91	0.70
2	R1	該網路書店是由知名的出版社或實體書店所成立的	3.53	1.09
3	R7	常上該網路書店可以提升文化水準	3.39	0.97
4	R6	該網路書店會讓使用者有一種認同感	3.37	0.88
5	R3	該網路書店有熱門書籍的專屬討論區（如失戀雜誌、哈利波特等）	3.33	0.97
6	R5	該網路書店的經營氣氛或風格具有某種社會規範	3.33	0.88
7	R2	該網路書店有知名作家的專屬討論區（如金庸、村上春樹等）	3.27	0.97
8	R9	加入該網路書店會員可與其他網友增加關聯	3.14	0.89
9	R4	該網路書店讓我感受到我與其他網友是同一個團體	2.97	0.99
關聯體驗因素			3.36	0.93

　　樣本中年齡在 40~49 歲對網站關聯體驗因素之重視程度排名，第一位的為「由知名的出版社或實體書店所成立」（平均數 3.94，標準差 0.66）；排名第二的為「會員可享有會員專屬服務」（平均數 3.71，標準差 1.05）；第三的則為「有知名作家的專屬討論區」（平均數 3.41，標準差 0.71）；而排名最後的因素是「感受到與其他網友是同一個團體」（平均數 2.76，標準差 0.90）。

表 4-2-10f　網路書店虛擬社群年齡在 40~49 歲對關聯體驗
之因素排名

排名	題項代號	關聯體驗因素	平均數	標準差
1	R1	該網路書店是由知名的出版社或實體書店所成立的	3.94	0.66
2	R8	加入該網路書店會員可享有會員專屬服務	3.71	1.05
3	R2	該網路書店有知名作家的專屬討論區（如金庸、村上春樹等）	3.41	0.71
4	R3	該網路書店有熱門書籍的專屬討論區（如失戀雜誌、哈利波特等）	3.41	0.51
5	R7	常上該網路書店可以提升文化水準	3.41	0.87
6	R6	該網路書店會讓使用者有一種認同感	3.29	0.99
7	R5	該網路書店的經營氣氛或風格具有某種社會規範	3.18	1.07
8	R9	加入該網路書店會員可與其他網友增加關聯	2.82	1.13
9	R4	該網路書店讓我感受到我與其他網友是同一個團體	2.76	0.90
關聯體驗因素			3.33	0.88

　　樣本中年齡在 50~59 歲對網站關聯體驗因素之重視程度排名，第一位的為「由知名的出版社或實體書店所成立」（平均數 4.00，標準差 0.82）；排名第二的為「會員可享有會員專屬服務」（平均數 4.00，標準差 0.82）；第三的則為「有熱門書籍的專屬討論區」（平均數 3.50，標準差 0.58）；而排名最後的因素是「可與其他網友增加關聯」（平均數 3.00，標準差 0.82）。

表4-2-10g　網路書店虛擬社群年齡在50~59歲對關聯體驗之因素排名

排名	題項代號	關聯體驗因素	平均數	標準差
1	R1	該網路書店是由知名的出版社或實體書店所成立的	4.00	0.82
2	R8	加入該網路書店會員可享有會員專屬服務	4.00	0.82
3	R3	該網路書店有熱門書籍的專屬討論區（如失戀雜誌、哈利波特等）	3.50	0.58
4	R5	該網路書店的經營氣氛或風格具有某種社會規範	3.50	0.58
5	R6	該網路書店會讓使用者有一種認同感	3.50	0.58
6	R7	常上該網路書店可以提升文化水準	3.50	0.58
7	R2	該網路書店有知名作家的專屬討論區（如金庸、村上春樹等）	3.25	0.50
8	R4	該網路書店讓我感受到我與其他網友是同一個團體	3.25	0.96
9	R9	加入該網路書店會員可與其他網友增加關聯	3.00	0.82
關聯體驗因素			3.50	0.69

3.教育程度

根據表 4-2-11a、4-2-11b、4-2-11c、4-2-11d 及 4-2-11e 的調查結果顯示，本研究樣本中教育程度在國（初）中或以下對網站感官體驗因素之重視程度排名，第一位的為「名稱令人印象深刻」（平均數 4.17，標準差 1.17）；排名第二的為「網頁配色具吸引力」（平均數 4.17，標準差 0.41）；第三的則為「整體導覽架構清楚明瞭」（平均數 4.17，標準差 0.41）；而排名最後的因素是「設計風格」（平均數 3.67，標準差 0.82）。

表 4-2-11a　網路書店虛擬社群中教育程度在國（初）中或以下對感官體驗之因素排名

排名	題項代號	感官體驗因素	平均數	標準差
1	S1	該網路書店名稱令人印象深刻	4.17	1.17
2	S2	該網路書店的網頁配色具吸引力	4.17	0.41
3	S7	該網路書店的整體導覽架構清楚明瞭	4.17	0.41
4	S3	該網路書店的圖片配置具吸引力	4.00	0.63
5	S5	該網路書店文字與圖片的比例適中	4.00	0.63
6	S6	我會常常注意到該網路書店上的廣告	3.83	0.98
7	S4	我喜歡該網路書店的設計風格	3.67	0.82
感官體驗因素			4.00	0.72

樣本中教育程度在高中（職）對網站感官體驗因素之重視程度排名，第一位的為「文字與圖片的比例適中」（平均數 3.97，標準差 0.69）；排名第二的為「圖片配置具吸引力」（平

均數 3.84，標準差 0.63）；第三的則為「整體導覽架構清楚明
瞭」（平均數 3.78，標準差 0.97）；而排名最後的因素是「注意
到網站上的廣告」（平均數 3.31，標準差 1.03）。

表 4-2-11b　網路書店虛擬社群中教育程度在高中（職）對
感官體驗之因素排名

排名	題項代號	感官體驗因素	平均數	標準差
1	S5	該網路書店文字與圖片的比例適中	3.97	0.69
2	S3	該網路書店的圖片配置具吸引力	3.84	0.63
3	S7	該網路書店的整體導覽架構清楚明瞭	3.78	0.97
4	S2	該網路書店的網頁配色具吸引力	3.75	0.67
5	S4	我喜歡該網路書店的設計風格	3.72	0.77
6	S1	該網路書店名稱令人印象深刻	3.59	0.76
7	S6	我會常常注意到該網路書店上的廣告	3.31	1.03
感官體驗因素			3.71	0.79

樣本中教育程度在專科對網站感官體驗因素之重視程度
排名，第一位的為「整體導覽架構清楚明瞭」（平均數 3.81，
標準差 0.67）；排名第二的為「名稱令人印象深刻」（平均數
3.75，標準差 0.62）；第三的則為「設計風格」（平均數 3.67，
標準差 0.74）；而排名最後的因素是「注意到網站上的廣告」
（平均數 3.46，標準差 0.82）。

表 4-2-11c　網路書店虛擬社群中教育程度在專科對感官體
驗之因素排名

排名	題項代號	感官體驗因素	平均數	標準差
1	S7	該網路書店的整體導覽架構清楚明瞭	3.81	0.67
2	S1	該網路書店名稱令人印象深刻	3.75	0.62
3	S4	我喜歡該網路書店的設計風格	3.67	0.74
4	S3	該網路書店的圖片配置具吸引力	3.65	0.68
5	S5	該網路書店文字與圖片的比例適中	3.63	0.63
6	S2	該網路書店的網頁配色具吸引力	3.62	0.61
7	S6	我會常常注意到該網路書店上的廣告	3.46	0.82
感官體驗因素			3.66	0.68

　　樣本中教育程度在大學院校對網站感官體驗因素之重視
程度排名，第一位的為「整體導覽架構清楚明瞭」（平均數
3.82，標準差 0.85）；排名第二的為「設計風格」（平均數 3.63，
標準差 0.79）；第三的則為「名稱令人印象深刻」（平均數 3.63，
標準差 0.78）；而排名最後的因素是「注意到網站上的廣告」
（平均數 3.15，標準差 1.03）。

表 4-2-11d　網路書店虛擬社群中教育程度在大學院校對感
官體驗之因素排名

排名	題項代號	感官體驗因素	平均數	標準差
1	S7	該網路書店的整體導覽架構清楚明瞭	3.82	0.85
2	S4	我喜歡該網路書店的設計風格	3.63	0.79
3	S1	該網路書店名稱令人印象深刻	3.63	0.78

4	S5	該網路書店文字與圖片的比例適中	3.62	0.78
5	S2	該網路書店的網頁配色具吸引力	3.55	0.77
6	S3	該網路書店的圖片配置具吸引力	3.49	0.79
7	S6	我會常常注意到該網路書店上的廣告	3.15	1.03
感官體驗因素			3.55	0.83

　　樣本中教育程度在研究所或以上對網站感官體驗因素之重視程度排名，第一位的為「名稱令人印象深刻」（平均數3.72，標準差0.76）；排名第二的為「文字與圖片的比例適中」（平均數 3.65，標準差 0.69）；第三的則為「整體導覽架構清楚明瞭」（平均數3.64，標準差0.86）；而排名最後的因素是「注意到網站上的廣告」（平均數 2.98，標準差 0.99）。

表 4-2-11e　網路書店虛擬社群中教育程度在研究所或以上
對感官體驗之因素排名

排名	題項代號	感官體驗因素	平均數	標準差
1	S1	該網路書店名稱令人印象深刻	3.72	0.76
2	S5	該網路書店文字與圖片的比例適中	3.65	0.69
3	S7	該網路書店的整體導覽架構清楚明瞭	3.64	0.86
4	S4	我喜歡該網路書店的設計風格	3.60	0.76
5	S2	該網路書店的網頁配色具吸引力	3.51	0.79
6	S3	該網路書店的圖片配置具吸引力	3.44	0.75
7	S6	我會常常注意到該網路書店上的廣告	2.98	0.99
感官體驗因素			3.51	0.80

　　根據表 4-2-12a、4-2-12b、4-2-12c、4-2-12d 及 4-2-12e 的調查結果顯示，本研究樣本中教育程度在國（初）中或以下對網站情感體驗因素之重視程度排名，第一位的為「針對顧客需求提供個人化的服務和資訊內容」（平均數 4.83，標準差 0.41）；排名第二的為「會主動關心使用者的需求與喜好」（平均數 4.33，標準差 0.52）；第三的則為「找到共同興趣的人互相交流」（平均數 4.00，標準差 0.63）；而排名最後的因素是「售後服務良好」（平均數 3.33，標準差 0.82）。

表 4-2-12a　網路書店虛擬社群教育程度在國（初）中或以下對情感體驗之因素排名

排名	題項代號	情感體驗因素	平均數	標準差
1	F5	該網路書店針對顧客需求提供個人化的服務和資訊內容（推薦書單），使我覺得受到尊重	4.83	0.41
2	F6	該網路書店會主動關心使用者的需求與喜好	4.33	0.52
3	F1	上該網路書店可以找到共同興趣的人互相交流	4.00	0.63
4	F3	上該網路書店可以抒發個人情感	3.67	0.82
5	F2	該網路書店的網友常提供我一些情感上的支持	3.50	0.84
6	F4	該網路書店的售後服務良好（退換書服務）	3.33	0.82
情感體驗因素			3.94	0.67

　　樣本中教育程度在高中（職）對網站情感體驗因素之重視程度排名，第一位的為「售後服務良好」（平均數 3.97，標準差 0.78）；排名第二的為「針對顧客需求提供個人化的服務和資訊內容」（平均數 3.84，標準差 0.92）；第三的則為「抒發個人情感」（平均數 3.28，標準差 0.99）；而排名最後的因素是「網友常提供我一些情感上的支持」（平均數 3.06，標準差 0.88）。

表 4-2-12b　網路書店虛擬社群教育程度在高中（職）對情感體驗之因素排名

排名	題項代號	情感體驗因素	平均數	標準差
1	F4	該網路書店的售後服務良好（退換書服務）	3.97	0.78
2	F5	該網路書店針對顧客需求提供個人化的服務和資訊內容（推薦書單），使我覺得受到尊重	3.84	0.92
3	F3	上該網路書店可以抒發個人情感	3.28	0.99
4	F6	該網路書店會主動關心使用者的需求與喜好	3.28	1.08
5	F1	上該網路書店可以找到共同興趣的人互相交流	3.19	0.93
6	F2	該網路書店的網友常提供我一些情感上的支持	3.06	0.88
情感體驗因素			3.44	0.93

　　樣本中教育程度在專科對網站情感體驗因素之重視程度
排名，第一位的為「售後服務良好」（平均數 3.67，標準差
0.74）；排名第二的為「針對顧客需求提供個人化的服務和資
訊內容」（平均數 3.63，標準差 0.75）；第三的則為「主動關心
使用者的需求與喜好」（平均數 3.27，標準差 0.90）；而排名最
後的因素是「網友常提供我一些情感上的支持」（平均數 2.86，
標準差 0.82）。

表 4-2-12c　網路書店虛擬社群教育程度在專科對情感體驗
之因素排名

排名	題項代號	情感體驗因素	平均數	標準差
1	F4	該網路書店的售後服務良好（退換書服務）	3.67	0.74
2	F5	該網路書店針對顧客需求提供個人化的服務和資訊內容（推薦書單），使我覺得受到尊重	3.63	0.75
3	F6	該網路書店會主動關心使用者的需求與喜好	3.27	0.90
4	F1	上該網路書店可以找到共同興趣的人互相交流	3.00	0.86
5	F3	上該網路書店可以抒發個人情感	2.94	0.84
6	F2	該網路書店的網友常提供我一些情感上的支持	2.86	0.82
情感體驗因素			3.23	0.82

　　樣本中教育程度在大學院校對網站情感體驗因素之重視程度排名，第一位的為「售後服務良好」（平均數 3.59，標準差 0.79）；排名第二的為「針對顧客需求提供個人化的服務和資訊內容」（平均數 3.57，標準差 0.85）；第三的則為「主動關心使用者的需求與喜好」（平均數 3.20，標準差 0.96）；而排名最後的因素是「網友常提供我一些情感上的支持」（平均數 2.68，標準差 0.99）。

表 4-2-12d　　網路書店虛擬社群教育程度在大學院校對情感體驗之因素排名

排名	題項代號	情感體驗因素	平均數	標準差
1	F4	該網路書店的售後服務良好（退換書服務）	3.59	0.79
2	F5	該網路書店針對顧客需求提供個人化的服務和資訊內容（推薦書單），使我覺得受到尊重	3.57	0.85
3	F6	該網路書店會主動關心使用者的需求與喜好	3.20	0.96
4	F1	上該網路書店可以找到共同興趣的人互相交流	2.93	0.95
5	F3	上該網路書店可以抒發個人情感	2.89	0.99
6	F2	該網路書店的網友常提供我一些情感上的支持	2.68	0.99
情感體驗因素			3.14	0.92

　　樣本中教育程度在研究所或以上對網站情感體驗因素之重視程度排名，第一位的為「售後服務良好」（平均數 3.64，標準差 0.79）；排名第二的為「針對顧客需求提供個人化的服務和資訊內容」（平均數 3.37，標準差 1.07）；第三的則為「主動關心使用者的需求與喜好」（平均數 3.07，標準差 1.09）；而排名最後的因素是「網友常提供我一些情感上的支持」（平均數 2.41，標準差 0.90）。

表 4-2-12e　網路書店虛擬社群教育程度在研究所或以上對
情感體驗之因素排名

排名	題項代號	情感體驗因素	平均數	標準差
1	F4	該網路書店的售後服務良好（退換書服務）	3.64	0.79
2	F5	該網路書店針對顧客需求提供個人化的服務和資訊內容（推薦書單），使我覺得受到尊重	3.37	1.07
3	F6	該網路書店會主動關心使用者的需求與喜好	3.07	1.09
4	F1	上該網路書店可以找到共同興趣的人互相交流	2.76	0.92
5	F3	上該網路書店可以抒發個人情感	2.56	0.99
6	F2	該網路書店的網友常提供我一些情感上的支持	2.41	0.90
情感體驗因素			2.97	0.96

根據表 4-2-13a、4-2-13b、4-2-13c、4-2-13d 及 4-2-13e 的調查結果顯示，本研究樣本中教育程度在國（初）中或以下對網站思考體驗因素之重視程度排名，第一位的為「激發使用者創意思考」（平均數 4.17，標準差 0.75）；排名第二的為「書籍分類方式很恰當」（平均數 4.17，標準差 0.41）；第三的則為「內容多元、饒富趣味」（平均數 4.00，標準差 0.63）；而排名最後的因素是「有許多專業人士在主題討論區」（平均數 3.50，標準差 0.84）。

表 4-2-13a　網路書店虛擬社群教育程度在國（初）中或以下對思考體驗之因素排名

排名	題項代號	思考體驗因素	平均數	標準差
1	T2	該網路書店所舉辦的活動或遊戲充滿新意，可以激發使用者創意思考	4.17	0.75
2	T8	該網路書店的書籍分類方式很恰當	4.17	0.41
3	T1	該網路書店內容多元、饒富趣味	4.00	0.63
4	T6	該網路書店的電子報內容豐富	3.83	0.98
5	T3	該網路書店的相關內容更新快速	3.67	0.52
6	T7	該網路書店討論區的資訊流通快速	3.67	0.82
7	T4	該網路書店設有特殊的主題討論區（如知名作家或熱門書籍的專屬討論區）	3.50	0.84
8	T5	該網路書店有許多專業人士在主題討論區	3.50	0.84
思考體驗因素			3.81	0.72

　　樣本中教育程度在高中（職）對網站思考體驗因素之重視程度排名，第一位的為「相關內容更新快速」（平均數 4.09，標準差 0.64）；排名第二的為「書籍分類方式很恰當」（平均數 4.00，標準差 0.67）；第三的則為「討論區的資訊流通快速」（平均數 3.84，標準差 0.85）；而排名最後的因素是「有許多專業人士在主題討論區」（平均數 3.28，標準差 0.92）。

表 4-2-13b　　網路書店虛擬社群教育程度在高中（職）對思考體驗之因素排名

排名	題項代號	思考體驗因素	平均數	標準差
1	T3	該網路書店的相關內容更新快速	4.09	0.64
2	T8	該網路書店的書籍分類方式很恰當	4.00	0.67
3	T7	該網路書店討論區的資訊流通快速	3.84	0.85
4	T1	該網路書店內容多元、饒富趣味	3.81	0.59
5	T4	該網路書店設有特殊的主題討論區（如知名作家或熱門書籍的專屬討論區）	3.75	0.98
6	T2	該網路書店所舉辦的活動或遊戲充滿新意，可以激發使用者創意思考	3.59	0.71
7	T6	該網路書店的電子報內容豐富	3.56	0.88
8	T5	該網路書店有許多專業人士在主題討論區	3.28	0.92
思考體驗因素			3.74	0.78

　　樣本中教育程度在專科對網站思考體驗因素之重視程度
排名，第一位的為「內容多元、饒富趣味」（平均數 3.81，標
準差 0.74）；排名第二的為「書籍分類方式很恰當」（平均數
3.79，標準差 0.81）；第三的則為「相關內容更新快速」（平均
數 3.71，標準差 0.75）；而排名最後的因素是「有許多專業人
士在主題討論區」（平均數 3.29，標準差 0.79）。

表 4-2-13c　網路書店虛擬社群教育程度在專科對思考體驗
　　　　　　之因素排名

排名	題項代號	思考體驗因素	平均數	標準差
1	T1	該網路書店內容多元、饒富趣味	3.81	0.74
2	T8	該網路書店的書籍分類方式很恰當	3.79	0.81
3	T3	該網路書店的相關內容更新快速	3.71	0.75
4	T4	該網路書店設有特殊的主題討論區（如知名作家或熱門書籍的專屬討論區）	3.59	0.75
5	T6	該網路書店的電子報內容豐富	3.56	0.71
6	T7	該網路書店討論區的資訊流通快速	3.52	0.82
7	T2	該網路書店所舉辦的活動或遊戲充滿新意，可以激發使用者創意思考	3.40	0.75
8	T5	該網路書店有許多專業人士在主題討論區	3.29	0.79
思考體驗因素			3.58	0.77

　　樣本中教育程度在大學院校對網站思考體驗因素之重視
程度排名，第一位的為「書籍分類方式很恰當」（平均數 3.82，
標準差 0.75）；排名第二的為「相關內容更新快速」（平均數
3.81，標準差 0.76）；第三的則為「設有特殊的主題討論區」（平
均數 3.73，標準差 0.84）；而排名最後的因素是「有許多專業
人士在主題討論區」（平均數 3.22，標準差 0.92）。

表 4-2-13d　　網路書店虛擬社群教育程度在大學院校對思考
體驗之因素排名

排名	題項代號	思考體驗因素	平均數	標準差
1	T8	該網路書店的書籍分類方式很恰當	3.82	0.75
2	T3	該網路書店的相關內容更新快速	3.81	0.76
3	T4	該網路書店設有特殊的主題討論區（如知名作家或熱門書籍的專屬討論區）	3.73	0.84
4	T1	該網路書店內容多元、饒富趣味	3.68	0.77
5	T7	該網路書店討論區的資訊流通快速	3.53	0.87
6	T6	該網路書店的電子報內容豐富	3.49	0.85
7	T2	該網路書店所舉辦的活動或遊戲充滿新意，可以激發使用者創意思考	3.31	0.82
8	T5	該網路書店有許多專業人士在主題討論區	3.22	0.92
思考體驗因素			3.57	0.82

　　樣本中教育程度在研究所或以上對網站思考體驗因素之重視程度排名，第一位的為「相關內容更新快速」（平均數 3.93，標準差 0.70）；排名第二的為「設有特殊的主題討論區」（平均數 3.65，標準差 0.77）；第三的則為「內容多元、饒富趣味」（平均數 3.64，標準差 0.85）；而排名最後的因素是「激發使用者創意思考」（平均數 3.16，標準差 0.83）。

表 4-2-13e　網路書店虛擬社群教育程度在研究所或以上對
思考體驗之因素排名

排名	題項代號	思考體驗因素	平均數	標準差
1	T3	該網路書店的相關內容更新快速	3.93	0.70
2	T4	該網路書店設有特殊的主題討論區（如知名作家或熱門書籍的專屬討論區）	3.65	0.77
3	T1	該網路書店內容多元、饒富趣味	3.64	0.85
4	T8	該網路書店的書籍分類方式很恰當	3.62	0.89
5	T7	該網路書店討論區的資訊流通快速	3.48	0.88
6	T6	該網路書店的電子報內容豐富	3.29	0.92
7	T5	該網路書店有許多專業人士在主題討論區	3.18	0.81
8	T2	該網路書店所舉辦的活動或遊戲充滿新意，可以激發使用者創意思考	3.16	0.83
思考體驗因素			3.49	0.83

　　根據表 4-2-14a、4-2-14b、4-2-14c、4-2-14d 及 4-2-14e 的
調查結果顯示，本研究樣本中教育程度在國（初）中或以下對
網站行動體驗因素之重視程度排名，第一位的為「書摘內容試
閱功能」（平均數 4.83，標準差 0.41）；排名第二的為「註冊成
為會員」（平均數 4.17，標準差 0.75）；第三的則為「線上活動」
（平均數 4.00，標準差 1.10）；而排名最後的因素是「訂閱電
子報」（平均數 3.00，標準差 1.26）。

表 4-2-14a　網路書店虛擬社群教育程度在國（初）中或以
下對行動體驗之因素排名

排名	題項代號	行動體驗因素	平均數	標準差
1	A4	我願意使用該網路書店的書摘內容試閱功能	4.83	0.41
2	A6	我願意註冊成為該網路書店的會員	4.17	0.75
3	A8	我願意參加該網路書店所舉辦的線上活動（徵文、抽獎、遊戲等）	4.00	1.10
4	A9	我願意參加該網路書店所舉辦的促銷活動（減價、電子折價券等）	4.00	0.63
5	A2	我願意使用該網路書店的留言版功能	3.67	1.03
6	A1	我願意使用該網路書店的討論區功能	3.50	0.84
7	A3	我願意使用該網路書店的聊天室功能	3.50	0.84
8	A5	我願意使用該網路書店的訂單查詢功能	3.33	1.51
9	A7	我願意訂閱該網路書店的電子報	3.00	1.26
行動體驗因素			3.78	0.93

　　樣本中教育程度在高中（職）對網站行動體驗因素之重視
程度排名，第一位的為「書摘內容試閱功能」（平均數 4.19，
標準差 0.69）；排名第二的為「註冊成為會員」（平均數 4.16，
標準差 0.81）；第三的則為「促銷活動」（平均數 4.13，標準差
0.94）；而排名最後的因素是「聊天室功能」（平均數 3.09，標
準差 0.89）。

表 4-2-14b　網路書店虛擬社群教育程度在高中（職）對行
動體驗之因素排名

排名	題項代號	行動體驗因素	平均數	標準差
1	A4	我願意使用該網路書店的書摘內容試閱功能	4.19	0.69
2	A6	我願意註冊成為該網路書店的會員	4.16	0.81
3	A9	我願意參加該網路書店所舉辦的促銷活動（減價、電子折價券等）	4.13	0.94
4	A5	我願意使用該網路書店的訂單查詢功能	4.09	0.86
5	A8	我願意參加該網路書店所舉辦的線上活動（徵文、抽獎、遊戲等）	3.91	1.06
6	A7	我願意訂閱該網路書店的電子報	3.69	1.06
7	A1	我願意使用該網路書店的討論區功能	3.44	0.98
8	A2	我願意使用該網路書店的留言版功能	3.44	0.91
9	A3	我願意使用該網路書店的聊天室功能	3.09	0.89
行動體驗因素			3.79	0.91

　　樣本中教育程度在專科對網站行動體驗因素之重視程度
排名，第一位的為「訂單查詢功能」（平均數 4.27，標準差
0.60）；排名第二的為「註冊成為會員」（平均數 4.25，標準差
0.65）；第三的則為「書摘內容試閱功能」（平均數 4.19，標準
差 0.69）；而排名最後的因素是「聊天室功能」（平均數 2.92，
標準差 0.70）。

表 4-2-14c　網路書店虛擬社群教育程度在專科對行動體驗
之因素排名

排名	題項代號	行動體驗因素	平均數	標準差
1	A5	我願意使用該網路書店的訂單查詢功能	4.27	0.60
2	A6	我願意註冊成為該網路書店的會員	4.25	0.65
3	A4	我願意使用該網路書店的書摘內容試閱功能	4.19	0.69
4	A9	我願意參加該網路書店所舉辦的促銷活動（減價、電子折價券等）	4.14	0.72
5	A7	我願意訂閱該網路書店的電子報	3.95	0.81
6	A8	我願意參加該網路書店所舉辦的線上活動（徵文、抽獎、遊戲等）	3.95	0.79
7	A2	我願意使用該網路書店的留言版功能	3.33	0.78
8	A1	我願意使用該網路書店的討論區功能	3.21	0.72
9	A3	我願意使用該網路書店的聊天室功能	2.92	0.70
行動體驗因素			3.80	0.72

　　樣本中教育程度在大學院校對網站行動體驗因素之重視程度排名，第一位的為「書摘內容試閱功能」（平均數 4.17，標準差 0.63）；排名第二的為「訂單查詢功能」（平均數 4.09，標準差 0.73）；第三的則為「促銷活動」（平均數 4.08，標準差 0.76）；而排名最後的因素是「聊天室功能」（平均數 2.91，標準差 0.83）。

表 4-2-14d　網路書店虛擬社群教育程度在大學院校對行動
　　　　　　體驗之因素排名

排名	題項代號	行動體驗因素	平均數	標準差
1	A4	我願意使用該網路書店的書摘內容試閱功能	4.17	0.63
2	A5	我願意使用該網路書店的訂單查詢功能	4.09	0.73
3	A9	我願意參加該網路書店所舉辦的促銷活動（減價、電子折價券等）	4.08	0.76
4	A6	我願意註冊成為該網路書店的會員	4.04	0.80
5	A8	我願意參加該網路書店所舉辦的線上活動（徵文、抽獎、遊戲等）	3.83	0.88
6	A7	我願意訂閱該網路書店的電子報	3.80	0.95
7	A2	我願意使用該網路書店的留言版功能	3.32	0.82
8	A1	我願意使用該網路書店的討論區功能	3.25	0.82
9	A3	我願意使用該網路書店的聊天室功能	2.91	0.83
行動體驗因素			3.72	0.80

　　樣本中教育程度在研究所或以上對網站行動體驗因素之
重視程度排名，第一位的為「訂單查詢功能」（平均數 4.22，
標準差 0.73）；排名第二的為「註冊成為會員」（平均數 4.16，
標準差 0.75）；第三的則為「書摘內容試閱功能」（平均數 4.09，
標準差 0.80）；而排名最後的因素是「聊天室功能」（平均數
2.65，標準差 0.88）。

表 4-2-14e　網路書店虛擬社群教育程度在研究所或以上對
行動體驗之因素排名

排名	題項代號	行動體驗因素	平均數	標準差
1	A5	我願意使用該網路書店的訂單查詢功能	4.22	0.73
2	A6	我願意註冊成為該網路書店的會員	4.16	0.75
3	A4	我願意使用該網路書店的書摘內容試閱功能	4.09	0.80
4	A9	我願意參加該網路書店所舉辦的促銷活動（減價、電子折價券等）	3.96	0.80
5	A7	我願意訂閱該網路書店的電子報	3.76	0.90
6	A8	我願意參加該網路書店所舉辦的線上活動（徵文、抽獎、遊戲等）	3.54	0.94
7	A2	我願意使用該網路書店的留言版功能	3.14	0.91
8	A1	我願意使用該網路書店的討論區功能	3.05	0.93
9	A3	我願意使用該網路書店的聊天室功能	2.65	0.88
行動體驗因素			3.62	0.85

根據表 4-2-15a、4-2-15b、4-2-15c、4-2-15d 及 4-2-15e 的調查結果顯示，本研究樣本中教育程度在國（初）中或以下對網站關聯體驗因素之重視程度排名，第一位的為「會員可享有會員專屬服務」（平均數 4.67，標準差 0.75）；排名第二的為「可與其他網友增加關聯」（平均數 4.50，標準差 0.84）；第三的則為「讓使用者有一種認同感」（平均數 4.17，標準差 0.41）；而排名最後的因素是「有知名作家的專屬討論區」（平均數 3.50，標準差 0.84）。

表 4-2-15a　網路書店虛擬社群教育程度在國（初）中或以下對關聯體驗之因素排名

排名	題項代號	關聯體驗因素	平均數	標準差
1	R8	加入該網路書店會員可享有會員專屬服務	4.67	0.52
2	R9	加入該網路書店會員可與其他網友增加關聯	4.50	0.84
3	R6	該網路書店會讓使用者有一種認同感	4.17	0.41
4	R4	該網路書店讓我感受到我與其他網友是同一個團體	4.00	0.63
5	R5	該網路書店的經營氣氛或風格具有某種社會規範	4.00	0.63
6	R7	常上該網路書店可以提升文化水準	3.83	0.41
7	R3	該網路書店有熱門書籍的專屬討論區（如失戀雜誌、哈利波特等）	3.67	0.82
8	R1	該網路書店是由知名的出版社或實體書店所成立的	3.50	0.84
9	R2	該網路書店有知名作家的專屬討論區（如金庸、村上春樹等）	3.50	0.84
關聯體驗因素			3.98	0.66

　　樣本中教育程度在高中（職）對網站關聯體驗因素之重視
程度排名，第一位的為「會員可享有會員專屬服務」（平均數
4.16，標準差 0.68）；排名第二的為「可以提升文化水準」（平
均數 4.06，標準差 0.80）；第三的則為「讓使用者有一種認同
感」（平均數 3.97，標準差 0.69）；而排名最後的因素是「感受
到與其他網友是同一個團體」（平均數 3.44，標準差 0.98）。

表 4-2-15b　網路書店虛擬社群教育程度在高中（職）對關
聯體驗之因素排名

排名	題項代號	關聯體驗因素	平均數	標準差
1	R8	加入該網路書店會員可享有會員專屬服務	4.16	0.68
2	R7	常上該網路書店可以提升文化水準	4.06	0.80
3	R6	該網路書店會讓使用者有一種認同感	3.97	0.69
4	R5	該網路書店的經營氣氛或風格具有某種社會規範	3.75	0.95
5	R1	該網路書店是由知名的出版社或實體書店所成立的	3.59	1.04
6	R3	該網路書店有熱門書籍的專屬討論區（如失戀雜誌、哈利波特等）	3.56	0.76
7	R9	加入該網路書店會員可與其他網友增加關聯	3.50	0.76
8	R2	該網路書店有知名作家的專屬討論區（如金庸、村上春樹等）	3.44	0.84
9	R4	該網路書店讓我感受到我與其他網友是同一個團體	3.44	0.98
關聯體驗因素			3.72	0.83

　　樣本中教育程度在專科對網站關聯體驗因素之重視程度
排名，第一位的為「會員可享有會員專屬服務」（平均數 3.94，
標準差 0.76）；排名第二的為「由知名的出版社或實體書店所
成立」（平均數 3.71，標準差 0.83）；第三的則為「有熱門書籍
的專屬討論區」（平均數 3.56，標準差 0.78）；而排名最後的因
素是「可與其他網友增加關聯」（平均數 3.10，標準差 0.87）。

表 4-2-15c　網路書店虛擬社群教育程度在專科對關聯體驗
　　　　　　之因素排名

排名	題項代號	關聯體驗因素	平均數	標準差
1	R8	加入該網路書店會員可享有會員專屬服務	3.94	0.76
2	R1	該網路書店是由知名的出版社或實體書店所成立的	3.71	0.83
3	R3	該網路書店有熱門書籍的專屬討論區（如失戀雜誌、哈利波特等）	3.56	0.78
4	R6	該網路書店會讓使用者有一種認同感	3.51	0.76
5	R7	常上該網路書店可以提升文化水準	3.51	0.91
6	R5	該網路書店的經營氣氛或風格具有某種社會規範	3.43	0.80
7	R2	該網路書店有知名作家的專屬討論區（如金庸、村上春樹等）	3.40	0.75
8	R4	該網路書店讓我感受到我與其他網友是同一個團體	3.22	0.77
9	R9	加入該網路書店會員可與其他網友增加關聯	3.10	0.87
關聯體驗因素			3.49	0.80

　　樣本中教育程度在大學院校對網站關聯體驗因素之重視
程度排名，第一位的為「會員可享有會員專屬服務」（平均數
3.88，標準差 0.74）；排名第二的為「有熱門書籍的專屬討論
區」（平均數 3.55，標準差 0.87）；第三的則為「可以提升文化
水準」（平均數 3.55，標準差 0.90）；而排名最後的因素是「感
受到與其他網友是同一個團體」（平均數 2.92，標準差 0.89）。

表 4-2-15d　　網路書店虛擬社群教育程度在大學院校對關聯
　　　　　　體驗之因素排名

排名	題項代號	關聯體驗因素	平均數	標準差
1	R8	加入該網路書店會員可享有會員專屬服務	3.88	0.74
2	R3	該網路書店有熱門書籍的專屬討論區（如失戀雜誌、哈利波特等）	3.55	0.87
3	R7	常上該網路書店可以提升文化水準	3.55	0.90
4	R1	該網路書店是由知名的出版社或實體書店所成立的	3.53	1.00
5	R6	該網路書店會讓使用者有一種認同感	3.43	0.88
6	R2	該網路書店有知名作家的專屬討論區（如金庸、村上春樹等）	3.41	0.92
7	R5	該網路書店的經營氣氛或風格具有某種社會規範	3.30	0.86
8	R9	加入該網路書店會員可與其他網友增加關聯	3.05	0.90
9	R4	該網路書店讓我感受到我與其他網友是同一個團體	2.92	0.89
關聯體驗因素			3.40	0.88

　　樣本中教育程度在研究所或以上對網站關聯體驗因素之重視程度排名，第一位的為「會員可享有會員專屬服務」（平均數3.81，標準差0.77）；排名第二的為「有熱門書籍的專屬討論區」（平均數3.45，標準差0.89）；第三的則為「可以提升文化水準」（平均數3.38，標準差0.97）；而排名最後的因素是「感受到與其他網友是同一個團體」（平均數2.80，標準差0.89）。

表 4-2-15e　網路書店虛擬社群教育程度在研究所或以上對關聯體驗之因素排名

排名	題項代號	關聯體驗因素	平均數	標準差
1	R8	加入該網路書店會員可享有會員專屬服務	3.81	0.77
2	R3	該網路書店有熱門書籍的專屬討論區（如失戀雜誌、哈利波特等）	3.45	0.89
3	R7	常上該網路書店可以提升文化水準	3.38	0.97
4	R2	該網路書店有知名作家的專屬討論區（如金庸、村上春樹等）	3.32	0.87
5	R5	該網路書店的經營氣氛或風格具有某種社會規範	3.20	0.86
6	R6	該網路書店會讓使用者有一種認同感	3.20	0.91
7	R1	該網路書店是由知名的出版社或實體書店所成立的	3.20	1.25
8	R9	加入該網路書店會員可與其他網友增加關聯	2.93	0.94
9	R4	該網路書店讓我感受到我與其他網友是同一個團體	2.80	0.89
關聯體驗因素			3.25	0.93

4.職業

　　因本研究之樣本中，職業為教育、學術、傳播類及學生兩
類所佔比例較大，為進一步探討其對網站感官體驗之態度，故
針對次二類與網站感官體驗因素進行交叉分析。根據 4-2-16a
及 4-2-16b 的調查結果顯示，本研究樣本中職業是教育、學術、
傳播類對網站感官體驗因素之重視程度排名，第一位的為「整
體導覽架構清楚明瞭」（平均數 3.81，標準差 0.89）；排名第二
的為「設計風格」（平均數 3.70，標準差 0.80）；第三的則為「名
稱令人印象深刻」（平均數 3.66，標準差 0.77）；而排名最後的
因素是「注意到網站上的廣告」（平均數 3.04，標準差 0.99）。

表 4-2-16a　　網路書店虛擬社群中職業是教育、學術、傳播
類對感官體驗之因素排名

排名	題項代號	感官體驗因素	平均數	標準差
1	S7	該網路書店的整體導覽架構清楚明瞭	3.81	0.89
2	S4	我喜歡該網路書店的設計風格	3.70	0.80
3	S1	該網路書店名稱令人印象深刻	3.66	0.77
4	S5	該網路書店文字與圖片的比例適中	3.66	0.74
5	S2	該網路書店的網頁配色具吸引力	3.56	0.72
6	S3	該網路書店的圖片配置具吸引力	3.54	0.72
7	S6	我會常常注意到該網路書店上的廣告	3.04	0.99
感官體驗因素			3.57	0.80

　　樣本中職業是學生對網站感官體驗因素之重視程度排名，第一位的為「整體導覽架構清楚明瞭」（平均數 3.71，標準差 0.87）；排名第二的為「文字與圖片的比例適中」（平均數 3.66，標準差 0.77）；第三的則為「設計風格」（平均數 3.63，標準差 0.82）；而排名最後的因素是「注意到網站上的廣告」（平均數 3.56，標準差 0.85）。

表 4-2-16b　網路書店虛擬社群中職業是學生對感官體驗之因素排名

排名	題項代號	感官體驗因素	平均數	標準差
1	S7	該網路書店的整體導覽架構清楚明瞭	3.71	0.87
2	S5	該網路書店文字與圖片的比例適中	3.66	0.77
3	S4	我喜歡該網路書店的設計風格	3.63	0.82
4	S1	該網路書店名稱令人印象深刻	3.62	0.84
5	S2	該網路書店的網頁配色具吸引力	3.59	0.80
6	S3	該網路書店的圖片配置具吸引力	3.54	0.79
7	S6	我會常常注意到該網路書店上的廣告	3.14	1.05
感官體驗因素			3.56	0.85

　　根據表 4-2-17a 及 4-2-17b 的調查結果顯示，本研究樣本中職業是教育、學術、傳播類對網站情感體驗因素之重視程度排名，第一位的為「售後服務良好」（平均數 3.63，標準差 0.86）；排名第二的為「針對顧客需求提供個人化的服務和資訊內容」（平均數 3.50，標準差 0.98）；第三的則為「會主動關心使用者的需求與喜好」（平均數 3.21，標準差 1.00）；而排名最後的因素是「網友常提供我一些情感上的支持」（平均數 2.73，標準差 1.06）。

表 4-2-17a　網路書店虛擬社群職業是教育、學術、傳播類
對情感體驗之因素排名

排名	題項代號	情感體驗因素	平均數	標準差
1	F4	該網路書店的售後服務良好（退換書服務）	3.62	0.86
2	F5	該網路書店針對顧客需求提供個人化的服務和資訊內容（推薦書單），使我覺得受到尊重	3.50	0.98
3	F6	該網路書店會主動關心使用者的需求與喜好	3.21	1.00
4	F1	上該網路書店可以找到共同興趣的人互相交流	3.07	1.02
5	F3	上該網路書店可以抒發個人情感	2.85	1.10
6	F2	該網路書店的網友常提供我一些情感上的支持	2.73	1.06
情感體驗因素			3.16	1.00

　　樣本中職業是學生對網站情感體驗因素之重視程度排
名，第一位的為「售後服務良好」（平均數 3.56，標準差 0.78）；
排名第二的為「針對顧客需求提供個人化的服務和資訊內容」
（平均數 3.57，標準差 0.95）；第三的則為「會主動關心使用者
的需求與喜好」（平均數 3.19，標準差 1.04）；而排名最後的因
素是「網友常提供我一些情感上的支持」（平均數 2.61，標準差
0.98）。

表 4-2-17b　網路書店虛擬社群中職業是學生對情感體驗之
　　　　　　因素排名

排名	題項代號	情感體驗因素	平均數	標準差
1	F4	該網路書店的售後服務良好（退換書服務）	3.65	0.78
2	F5	該網路書店針對顧客需求提供個人化的服務和資訊內容（推薦書單），使我覺得受到尊重	3.57	0.95
3	F6	該網路書店會主動關心使用者的需求與喜好	3.19	1.04
4	F3	上該網路書店可以抒發個人情感	2.89	1.01
5	F1	上該網路書店可以找到共同興趣的人互相交流	2.88	0.97
6	F2	該網路書店的網友常提供我一些情感上的支持	2.61	0.98
情感體驗因素			3.13	0.96

　　根據表 4-2-18a 及 4-2-18b 的調查結果顯示，本研究樣本中職業是教育、學術、傳播類對網站思考體驗因素之重視程度排名，第一位的為「相關內容更新快速」（平均數 3.84，標準差 0.71）；排名第二的為「設有特殊的主題討論區」（平均數 3.78，標準差 0.78）；第三的則為「書籍分類方式很恰當」（平均數 3.78，標準差 0.72）；而排名最後的因素是「激發使用者創意思考」（平均數 3.38，標準差 0.85）。

表 4-2-18a　網路書店虛擬社群中職業是教育、學術、傳播
類對思考體驗之因素排名

排名	題項代號	思考體驗因素	平均數	標準差
1	T3	該網路書店的相關內容更新快速	3.84	0.71
2	T4	該網路書店設有特殊的主題討論區（如知名作家或熱門書籍的專屬討論區）	3.78	0.78
3	T8	該網路書店的書籍分類方式很恰當	3.78	0.72
4	T1	該網路書店內容多元、饒富趣味	3.72	0.71
5	T7	該網路書店討論區的資訊流通快速	3.61	0.80
6	T5	該網路書店有許多專業人士在主題討論區	3.48	0.91
7	T6	該網路書店的電子報內容豐富	3.45	0.90
8	T2	該網路書店所舉辦的活動或遊戲充滿新意，可以激發使用者創意思考	3.38	0.85
思考體驗因素			3.63	0.80

　　樣本中職業是學生對網站思考體驗因素之重視程度排
名，第一位的為「相關內容更新快速」（平均數 3.93，標準差
0.73）；排名第二的為「設有特殊的主題討論區」（平均數 3.76，
標準差 0.83）；第三的則為「內容多元、饒富趣味」（平均數
3.74，標準差 0.79）；而排名最後的因素是「有許多專業人士
在主題討論區」（平均數 3.19，標準差 0.87）。

表 4-2-18b　網路書店虛擬社群中職業是學生對思考體驗之
因素排名

排名	題項代號	思考體驗因素	平均數	標準差
1	T3	該網路書店的相關內容更新快速	3.93	0.73
2	T4	該網路書店設有特殊的主題討論區（如知名作家或熱門書籍的專屬討論區）	3.76	0.83
3	T1	該網路書店內容多元、饒富趣味	3.74	0.79
4	T8	該網路書店的書籍分類方式很恰當	3.74	0.83
5	T7	該網路書店討論區的資訊流通快速	3.58	0.87
6	T6	該網路書店的電子報內容豐富	3.43	0.84
7	T2	該網路書店所舉辦的活動或遊戲充滿新意，可以激發使用者創意思考	3.31	0.83
8	T5	該網路書店有許多專業人士在主題討論區	3.19	0.87
思考體驗因素			3.59	0.82

　　根據表 4-2-19a 的調查結果顯示，本研究樣本中職業是教育、學術、傳播類對網站行動體驗因素之重視程度排名，第一位的為「書摘內容試閱功能」（平均數 4.21，標準差 0.62）；排名第二的為「訂單查詢功能」（平均數 4.14，標準差 0.70）；第三的則為「註冊成為會員」（平均數 4.11，標準差 0.75）；而排名最後的因素是「聊天室功能」（平均數 2.96，標準差 0.91）。

表 4-2-19a　網路書店虛擬社群中職業是教育、學術、傳播
類對行動體驗之因素排名

排名	題項代號	行動體驗因素	平均數	標準差
1	A4	我願意使用該網路書店的書摘內容試閱功能	4.21	0.62
2	A5	我願意使用該網路書店的訂單查詢功能	4.14	0.70
3	A6	我願意註冊成為該網路書店的會員	4.11	0.75
4	A9	我願意參加該網路書店所舉辦的促銷活動（減價、電子折價券等）	4.03	0.79
5	A7	我願意訂閱該網路書店的電子報	3.91	0.82
6	A8	我願意參加該網路書店所舉辦的線上活動（徵文、抽獎、遊戲等）	3.72	0.86
7	A1	我願意使用該網路書店的討論區功能	3.29	0.94
8	A2	我願意使用該網路書店的留言版功能	3.24	0.89
9	A3	我願意使用該網路書店的聊天室功能	2.96	0.91
行動體驗因素			3.74	0.81

　　根據表 4-2-19b 的調查結果顯示，本研究樣本中職業是學生對網站行動體驗因素之重視程度排名，第一位的為「書摘內容試閱功能」（平均數 4.17，標準差 0.73）；排名第二的為「註冊成為會員」（平均數 4.11，標準差 0.82）；第三的則為「訂單查詢功能」（平均數 4.09，標準差 0.79）；而排名最後的因素是「聊天室功能」（平均數 2.80，標準差 0.86）。

表 4-2-19b　網路書店虛擬社群中職業是學生對行動體驗之
因素排名

排名	題項代號	行動體驗因素	平均數	標準差
1	A4	我願意使用該網路書店的書摘內容試閱功能	4.17	0.73
2	A6	我願意註冊成為該網路書店的會員	4.11	0.82
3	A5	我願意使用該網路書店的訂單查詢功能	4.09	0.79
4	A9	我願意參加該網路書店所舉辦的促銷活動（減價、電子折價券等）	4.00	0.83
5	A8	我願意參加該網路書店所舉辦的線上活動（徵文、抽獎、遊戲等）	3.76	0.96
6	A7	我願意訂閱該網路書店的電子報	3.71	1.01
7	A2	我願意使用該網路書店的留言版功能	3.31	0.86
8	A1	我願意使用該網路書店的討論區功能	3.22	0.87
9	A3	我願意使用該網路書店的聊天室功能	2.80	0.86
行動體驗因素			3.69	0.86

　　根據表 4-2-20a 及 4-2-20b 的調查結果顯示，本研究樣本中職業是教育、學術、傳播類對網站關聯體驗因素之重視程度排名，第一位的為「會員可享有會員專屬服務」（平均數 3.94，標準差 0.73）；排名第二的為「讓使用者有一種認同感」（平均數 3.55，標準差 0.84）；第三的則為「有熱門書籍的專屬討論區」（平均數 3.52，標準差 0.97）；而排名最後的因素是「感受到與其他網友是同一個團體」（平均數 2.94，標準差 1.05）。

表 4-2-20a　網路書店虛擬社群中職業是教育、學術、傳播
類對關聯體驗之因素排名

排名	題項代號	關聯體驗因素	平均數	標準差
1	R8	加入該網路書店會員可享有會員專屬服務	3.94	0.73
2	R6	該網路書店會讓使用者有一種認同感	3.55	0.84
3	R3	該網路書店有熱門書籍的專屬討論區（如失戀雜誌、哈利波特等）	3.52	0.97
4	R7	常上該網路書店可以提升文化水準	3.52	0.96
5	R2	該網路書店有知名作家的專屬討論區（如金庸、村上春樹等）	3.50	0.97
6	R5	該網路書店的經營氣氛或風格具有某種社會規範	3.45	0.80
7	R1	該網路書店是由知名的出版社或實體書店所成立的	3.44	1.12
8	R9	加入該網路書店會員可與其他網友增加關聯	3.10	1.03
9	R4	該網路書店讓我感受到我與其他網友是同一個團體	2.94	1.05
關聯體驗因素			3.44	0.94

　　樣本中職業是學生對網站關聯體驗因素之重視程度排
名，第一位的為「會員可享有會員專屬服務」（平均數 3.89，
標準差 0.79）；排名第二的為「有熱門書籍的專屬討論區」（平
均數 3.62，標準差 0.81）；第三的則為「可以提升文化水準」
（平均數 3.52，標準差 0.95）；而排名最後的因素是「感受到
與其他網友是同一個團體」（平均數 2.94，標準差 0.89）。

表 4-2-20b　網路書店虛擬社群中職業是學生對關聯體驗之
因素排名

排名	題項代號	關聯體驗因素	平均數	標準差
1	R8	加入該網路書店會員可享有會員專屬服務	3.89	0.79
2	R3	該網路書店有熱門書籍的專屬討論區（如失戀雜誌、哈利波特等）	3.62	0.81
3	R7	常上該網路書店可以提升文化水準	3.52	0.95
4	R2	該網路書店有知名作家的專屬討論區（如金庸、村上春樹等）	3.42	0.87
5	R1	該網路書店是由知名的出版社或實體書店所成立的	3.39	1.10
6	R6	該網路書店會讓使用者有一種認同感	3.38	0.92
7	R5	該網路書店的經營氣氛或風格具有某種社會規範	3.34	0.87
8	R9	加入該網路書店會員可與其他網友增加關聯	3.06	0.92
9	R4	該網路書店讓我感受到我與其他網友是同一個團體	2.94	0.89
關聯體驗因素			3.40	0.90

5.收入

　　根據表 4-2-21a、4-2-21b、4-2-21c、4-2-21d、4-2-21e 及 4-2-21f 的調查結果顯示，本研究樣本中收入在 20,000 元以下對網站感官體驗因素之重視程度排名，第一位的為「整體導覽架構清楚明瞭」（平均數 3.74，標準差 0.85）；排名第二的為「文字與圖片的比例適中」（平均數 3.64，標準差 0.74）；第三的則為「名稱令人印象深刻」（平均數 3.63，標準差 0.82）；而排名最後的因素是「注意到網站上的廣告」（平均數 3.12，標準差 1.04）。

表 4-2-21a　網路書店虛擬社群中收入在 20,000 元以下對感官體驗之因素排名

排名	題項代號	感官體驗因素	平均數	標準差
1	S7	該網路書店的整體導覽架構清楚明瞭	3.74	0.85
2	S5	該網路書店文字與圖片的比例適中	3.64	0.74
3	S1	該網路書店名稱令人印象深刻	3.63	0.82
4	S4	我喜歡該網路書店的設計風格	3.62	0.77
5	S2	該網路書店的網頁配色具吸引力	3.58	0.78
6	S3	該網路書店的圖片配置具吸引力	3.50	0.78
7	S6	我會常常注意到該網路書店上的廣告	3.12	1.04
感官體驗因素			3.55	0.83

樣本中收入在 20,001~40,000 元對網站感官體驗因素之重視程度排名，第一位的為「整體導覽架構清楚明瞭」（平均數 3.77，標準差 0.89）；排名第二的為「名稱令人印象深刻」（平均數 3.71，標準差 0.66）；第三的則為「設計風格」（平均數 3.68，標準差 0.81）；而排名最後的因素是「注意到網站上的廣告」（平均數 3.19，標準差 0.94）。

表 4-2-21b　網路書店虛擬社群中收入在 20,001~40,000 元對感官體驗之因素排名

排名	題項代號	感官體驗因素	平均數	標準差
1	S7	該網路書店的整體導覽架構清楚明瞭	3.77	0.89
2	S1	該網路書店名稱令人印象深刻	3.71	0.66
3	S4	我喜歡該網路書店的設計風格	3.68	0.81
4	S5	該網路書店文字與圖片的比例適中	3.67	0.76
5	S2	該網路書店的網頁配色具吸引力	3.58	0.72
6	S3	該網路書店的圖片配置具吸引力	3.57	0.75
7	S6	我會常常注意到該網路書店上的廣告	3.19	0.94
感官體驗因素			3.60	0.79

樣本中收入在 40,001~60,000 元對網站感官體驗因素之重視程度排名，第一位的為「整體導覽架構清楚明瞭」（平均數 3.80，標準差 0.88）；排名第二的為「文字與圖片的比例適中」（平均數 3.64，標準差 0.72）；第三的則為「名稱令人印象深刻」（平均數 3.61，標準差 0.89）；而排名最後的因素是「注意到網站上的廣告」（平均數 3.16，標準差 1.04）。

表4-2-21c　網路書店虛擬社群中收入在40,001~60,000元
對感官體驗之因素排名

排名	題項代號	感官體驗因素	平均數	標準差
1	S7	該網路書店的整體導覽架構清楚明瞭	3.80	0.88
2	S5	該網路書店文字與圖片的比例適中	3.64	0.72
3	S1	該網路書店名稱令人印象深刻	3.61	0.89
4	S4	我喜歡該網路書店的設計風格	3.52	0.81
5	S3	該網路書店的圖片配置具吸引力	3.50	0.81
6	S2	該網路書店的網頁配色具吸引力	3.41	0.80
7	S6	我會常常注意到該網路書店上的廣告	3.16	1.04
感官體驗因素			3.52	0.85

　　樣本中收入在 60,001~80,000 元對網站感官體驗因素之重視程度排名，第一位的為「整體導覽架構清楚明瞭」（平均數 4.00，標準差 0.49）；排名第二的為「名稱令人印象深刻」（平均數 3.81，標準差 0.63）；第三的則為「設計風格」（平均數 3.77，標準差 0.51）；而排名最後的因素是「注意到網站上的廣告」（平均數 3.38，標準差 0.90）。

表4-2-21d　網路書店虛擬社群中收入在60,001~80,000元
對感官體驗之因素排名

排名	題項代號	感官體驗因素	平均數	標準差
1	S7	該網路書店的整體導覽架構清楚明瞭	4.00	0.49
2	S1	該網路書店名稱令人印象深刻	3.81	0.63
3	S4	我喜歡該網路書店的設計風格	3.77	0.51
4	S5	該網路書店文字與圖片的比例適中	3.77	0.59
5	S2	該網路書店的網頁配色具吸引力	3.65	0.63
6	S3	該網路書店的圖片配置具吸引力	3.54	0.65
7	S6	我會常常注意到該網路書店上的廣告	3.38	0.90
感官體驗因素			3.70	0.63

　　樣本中收入在 80,001~100,000 元對網站感官體驗因素之
重視程度排名，第一位的為「名稱令人印象深刻」（平均數
3.86，標準差 0.69）；排名第二的為「整體導覽架構清楚明瞭」
（平均數 3.57，標準差 0.53）；第三的則為「設計風格」（平均
數 3.43，標準差 0.53）；而排名最後的因素是「注意到網站上
的廣告」（平均數 2.86，標準差 1.07）。

表 4-2-21e　網路書店虛擬社群中收入在 80,001 ~100,000
元對感官體驗之因素排名

排名	題項代號	感官體驗因素	平均數	標準差
1	S1	該網路書店名稱令人印象深刻	3.86	0.69
2	S7	該網路書店的整體導覽架構清楚明瞭	3.57	0.53
3	S4	我喜歡該網路書店的設計風格	3.43	0.53
4	S2	該網路書店的網頁配色具吸引力	3.29	0.76
5	S3	該網路書店的圖片配置具吸引力	3.00	0.82
6	S5	該網路書店文字與圖片的比例適中	3.00	0.82
7	S6	我會常常注意到該網路書店上的廣告	2.86	1.07
感官體驗因素			3.29	0.75

　　樣本中收入在 100,000 元以上對網站感官體驗因素之重視
程度排名，第一位的為「名稱令人印象深刻」（平均數 3.89，
標準差 0.60）；排名第二的為「整體導覽架構清楚明瞭」（平均
數 3.89，標準差 0.33）；第三的則為「網頁配色具吸引力」（平
均數 3.67，標準差 0.24）；而排名最後的因素是「注意到網站
上的廣告」（平均數 2.78，標準差 1.30）。

表 4-2-21f　網路書店虛擬社群中收入在 100,000 元以上對
感官體驗之因素排名

排名	題項代號	感官體驗因素	平均數	標準差
1	S1	該網路書店名稱令人印象深刻	3.89	0.60
2	S7	該網路書店的整體導覽架構清楚明瞭	3.89	0.33
3	S2	該網路書店的網頁配色具吸引力	3.67	0.24
4	S5	該網路書店文字與圖片的比例適中	3.67	0.50
5	S3	該網路書店的圖片配置具吸引力	3.33	0.50
6	S4	我喜歡該網路書店的設計風格	3.33	0.87
7	S6	我會常常注意到該網路書店上的廣告	2.78	1.30
感官體驗因素			3.51	0.62

　　根據表 4-2-22a、4-2-22b、4-2-22c、4-2-22d、4-2-22e 及 4-2-22f 的調查結果顯示，本研究樣本中收入在 20,000 元以下對網站情感體驗因素之重視程度排名，第一位的為「售後服務良好」(平均數 3.65，標準差 0.78)；排名第二的為「針對顧客需求提供個人化的服務和資訊內容」(平均數 3.56，標準差 0.97)；第三的則為「會主動關心使用者的需求與喜好」(平均數 3.15，標準差 1.01)；而排名最後的因素是「網友常提供我一些情感上的支持」(平均數 2.62，標準差 0.95)。

表 4-2-22a 網路書店虛擬社群收入在 20,000 元以下對情
感體驗之因素排名

排名	題項代號	情感體驗因素	平均數	標準差
1	F4	該網路書店的售後服務良好（退換書服務）	3.65	0.78
2	F5	該網路書店針對顧客需求提供個人化的服務和資訊內容（推薦書單），使我覺得受到尊重	3.56	0.97
3	F6	該網路書店會主動關心使用者的需求與喜好	3.15	1.01
4	F3	上該網路書店可以抒發個人情感	2.89	0.99
5	F1	上該網路書店可以找到共同興趣的人互相交流	2.86	0.94
6	F2	該網路書店的網友常提供我一些情感上的支持	2.62	0.95
情感體驗因素			3.12	0.94

　　樣本中收入在 20,001~40,000 元對網站情感體驗因素之重
視程度排名，第一位的為「售後服務良好」（平均數 3.57，標
準差 0.79）；排名第二的為「針對顧客需求提供個人化的服務
和資訊內容」（平均數 3.51，標準差 0.88）；第三的則為「會主
動關心使用者的需求與喜好」（平均數 3.23，標準差 1.01）；而
排名最後的因素是「網友常提供我一些情感上的支持」（平均
數 2.76，標準差 0.97）。

表4-2-22b　網路書店虛擬社群收入在20,001~40,000元對
　　　　　情感體驗之因素排名

排名	題項代號	情感體驗因素	平均數	標準差
1	F4	該網路書店的售後服務良好（退換書服務）	3.57	0.79
2	F5	該網路書店針對顧客需求提供個人化的服務和資訊內容（推薦書單），使我覺得受到尊重	3.51	0.88
3	F6	該網路書店會主動關心使用者的需求與喜好	3.23	1.01
4	F1	上該網路書店可以找到共同興趣的人互相交流	3.05	0.94
5	F3	上該網路書店可以抒發個人情感	2.88	0.97
6	F2	該網路書店的網友常提供我一些情感上的支持	2.76	0.97
情感體驗因素			3.16	0.93

　　樣本中收入在40,001~60,000元對網站情感體驗因素之重視程度排名，第一位的為「售後服務良好」（平均數3.70，標準差0.89）；排名第二的為「針對顧客需求提供個人化的服務和資訊內容」（平均數3.61，標準差0.97）；第三的則為「會主動關心使用者的需求與喜好」（平均數3.23，標準差0.97）；而排名最後的因素是「網友常提供我一些情感上的支持」（平均數2.36，標準差0.90）。

表4-2-22c 網路書店虛擬社群收入在40,001~60,000元對
情感體驗之因素排名

排名	題項代號	情感體驗因素	平均數	標準差
1	F4	該網路書店的售後服務良好（退換書服務）	3.70	0.89
2	F5	該網路書店針對顧客需求提供個人化的服務和資訊內容（推薦書單），使我覺得受到尊重	3.61	0.97
3	F6	該網路書店會主動關心使用者的需求與喜好	3.23	0.97
4	F1	上該網路書店可以找到共同興趣的人互相交流	2.66	0.98
5	F3	上該網路書店可以抒發個人情感	2.43	0.97
6	F2	該網路書店的網友常提供我一些情感上的支持	2.36	0.90
情感體驗因素			3.00	0.95

　　樣本中收入在 60,001~80,000 元對網站情感體驗因素之重視程度排名，第一位的為「售後服務良好」（平均數 3.65，標準差 0.69）；排名第二的為「針對顧客需求提供個人化的服務和資訊內容」（平均數 3.62，標準差 0.75）；第三的則為「會主動關心使用者的需求與喜好」（平均數 3.31，標準差 0.88）；而排名最後的因素是「抒發個人情感」（平均數 2.77，標準差 0.95）。

表4-2-22d　網路書店虛擬社群收入在60,001~80,000元對
情感體驗之因素排名

排名	題項代號	情感體驗因素	平均數	標準差
1	F4	該網路書店的售後服務良好（退換書服務）	3.65	0.69
2	F5	該網路書店針對顧客需求提供個人化的服務和資訊內容（推薦書單），使我覺得受到尊重	3.62	0.75
3	F6	該網路書店會主動關心使用者的需求與喜好	3.31	0.88
4	F1	上該網路書店可以找到共同興趣的人互相交流	3.08	0.84
5	F2	該網路書店的網友常提供我一些情感上的支持	2.81	0.94
6	F3	上該網路書店可以抒發個人情感	2.77	0.95
情感體驗因素			3.21	0.84

　　樣本中收入在 80,001~100,000 元對網站情感體驗因素之重視程度排名，第一位的為「針對顧客需求提供個人化的服務和資訊內容」（平均數 3.43，標準差 0.98）；排名第二的為「售後服務良好」（平均數 3.29，標準差 0.49）；第三的則為「會主動關心使用者的需求與喜好」（平均數 3.14，標準差 1.35）；而排名最後的因素是「抒發個人情感」（平均數 2.43，標準差 0.98）。

表 4-2-22e　網路書店虛擬社群收入在 80,001~100,000 元
對情感體驗之因素排名

排名	題項代號	情感體驗因素	平均數	標準差
1	F5	該網路書店針對顧客需求提供個人化的服務和資訊內容（推薦書單），使我覺得受到尊重	3.43	0.98
2	F4	該網路書店的售後服務良好（退換書服務）	3.29	0.49
3	F6	該網路書店會主動關心使用者的需求與喜好	3.14	1.35
4	F1	上該網路書店可以找到共同興趣的人互相交流	3.00	0.82
5	F2	該網路書店的網友常提供我一些情感上的支持	2.43	0.98
6	F3	上該網路書店可以抒發個人情感	2.43	0.98
情感體驗因素			2.95	0.93

　　樣本中收入在 100,000 元以上對網站情感體驗因素之重視
程度排名，第一位的為「售後服務良好」（平均數 4.11，標準
差 0.33）；排名第二的為「針對顧客需求提供個人化的服務和
資訊內容」（平均數 3.33，標準差 0.71）；第三的則為「會主動
關心使用者的需求與喜好」（平均數 3.00，標準差 1.00）；而排
名最後的因素是「抒發個人情感」（平均數 2.67，標準差 1.12）。

表 4-2-22f　網路書店虛擬社群收入在 100,000 元以上對情
感體驗之因素排名

排名	題項代號	情感體驗因素	平均數	標準差
1	F4	該網路書店的售後服務良好（退換書服務）	4.11	0.33
2	F5	該網路書店針對顧客需求提供個人化的服務和資訊內容（推薦書單），使我覺得受到尊重	3.33	0.71
3	F6	該網路書店會主動關心使用者的需求與喜好	3.00	1.00
4	F1	上該網路書店可以找到共同興趣的人互相交流	2.89	0.93
5	F2	該網路書店的網友常提供我一些情感上的支持	2.78	0.97
6	F3	上該網路書店可以抒發個人情感	2.67	1.12
情感體驗因素			3.13	0.84

根據表 4-2-23a、4-2-23b、4-2-23c、4-2-23d、4-2-23e 及
4-2-23f 的調查結果顯示，本研究樣本中收入在 20,000 元以下
對網站思考體驗因素之重視程度排名，第一位的為「相關內容
更新快速」（平均數 3.90，標準差 0.70）；排名第二的為「設有
特殊的主題討論區」（平均數 3.76，標準差 0.82）；第三的則為
「書籍分類方式很恰當」（平均數 3.75，標準差 0.80）；而排名
最後的因素是「有許多專業人士在主題討論區」（平均數 3.16，
標準差 0.84）。

表 4-2-23a　網路書店虛擬社群收入在 20,000 元以下對思
考體驗之因素排名

排名	題項代號	思考體驗因素	平均數	標準差
1	T3	該網路書店的相關內容更新快速	3.90	0.70
2	T4	該網路書店設有特殊的主題討論區（如知名作家或熱門書籍的專屬討論區）	3.76	0.82
3	T8	該網路書店的書籍分類方式很恰當	3.75	0.80
4	T1	該網路書店內容多元、饒富趣味	3.72	0.80
5	T7	該網路書店討論區的資訊流通快速	3.56	0.84
6	T6	該網路書店的電子報內容豐富	3.43	0.81
7	T2	該網路書店所舉辦的活動或遊戲充滿新意，可以激發使用者創意思考	3.23	0.84
8	T5	該網路書店有許多專業人士在主題討論區	3.16	0.84
思考體驗因素			3.56	0.81

　　樣本中收入在 20,001~40,000 元對網站思考體驗因素之重
視程度排名，第一位的為「相關內容更新快速」（平均數 3.75，
標準差 0.79）；排名第二的為「書籍分類方式很恰當」（平均數
3.72，標準差 0.78）；第三的則為「內容多元、饒富趣味」（平
均數 3.71，標準差 0.74）；而排名最後的因素是「有許多專業
人士在主題討論區」（平均數 3.27，標準差 0.90）。

表4-2-23b　網路書店虛擬社群收入在20,001~40,000元對
思考體驗之因素排名

排名	題項代號	思考體驗因素	平均數	標準差
1	T3	該網路書店的相關內容更新快速	3.75	0.79
2	T8	該網路書店的書籍分類方式很恰當	3.72	0.78
3	T1	該網路書店內容多元、饒富趣味	3.71	0.74
4	T4	該網路書店設有特殊的主題討論區（如知名作家或熱門書籍的專屬討論區）	3.61	0.79
5	T6	該網路書店的電子報內容豐富	3.49	0.89
6	T7	該網路書店討論區的資訊流通快速	3.49	0.82
7	T2	該網路書店所舉辦的活動或遊戲充滿新意，可以激發使用者創意思考	3.41	0.82
8	T5	該網路書店有許多專業人士在主題討論區	3.27	0.90
思考體驗因素			3.56	0.82

　　樣本中收入在 40,001~60,000 元對網站思考體驗因素之重
視程度排名，第一位的為「書籍分類方式很恰當」（平均數
4.00，標準差 0.81）；排名第二的為「相關內容更新快速」（平
均數 3.96，標準差 0.76）；第三的則為「設有特殊的主題討論
區」（平均數 3.73，標準差 0.88）；而排名最後的因素是「有許
多專業人士在主題討論區」（平均數 3.30，標準差 0.99）。

表4-2-23c　網路書店虛擬社群收入在40,001~60,000元對
思考體驗之因素排名

排名	題項代號	思考體驗因素	平均數	標準差
1	T8	該網路書店的書籍分類方式很恰當	4.00	0.81
2	T3	該網路書店的相關內容更新快速	3.96	0.76
3	T4	該網路書店設有特殊的主題討論區（如知名作家或熱門書籍的專屬討論區）	3.73	0.88
4	T7	該網路書店討論區的資訊流通快速	3.66	0.96
5	T1	該網路書店內容多元、饒富趣味	3.55	0.85
6	T6	該網路書店的電子報內容豐富	3.46	0.99
7	T2	該網路書店所舉辦的活動或遊戲充滿新意，可以激發使用者創意思考	3.32	0.77
8	T5	該網路書店有許多專業人士在主題討論區	3.30	0.99
思考體驗因素			3.63	0.88

　　樣本中收入在 60,001~80,000 元對網站思考體驗因素之重視程度排名，第一位的為「書籍分類方式很恰當」（平均數3.81，標準差 0.75）；排名第二的為「相關內容更新快速」（平均數 3.77，標準差 0.51）；第三的則為「內容多元、饒富趣味」（平均數 3.73，標準差 0.67）；而排名最後的因素是「激發使用者創意思考」（平均數 3.31，標準差 0.68）。

表4-2-23d　網路書店虛擬社群收入在60,001~80,000元對
思考體驗之因素排名

排名	題項代號	思考體驗因素	平均數	標準差
1	T8	該網路書店的書籍分類方式很恰當	3.81	0.75
2	T3	該網路書店的相關內容更新快速	3.77	0.51
3	T1	該網路書店內容多元、饒富趣味	3.73	0.67
4	T4	該網路書店設有特殊的主題討論區（如知名作家或熱門書籍的專屬討論區）	3.62	0.80
5	T7	該網路書店討論區的資訊流通快速	3.62	0.85
6	T6	該網路書店的電子報內容豐富	3.50	0.91
7	T5	該網路書店有許多專業人士在主題討論區	3.42	0.70
8	T2	該網路書店所舉辦的活動或遊戲充滿新意，可以激發使用者創意思考	3.31	0.68
思考體驗因素			3.60	0.73

　　樣本中收入在 80,001~100,000 元對網站思考體驗因素之重視程度排名，第一位的為「書籍分類方式很恰當」（平均數3.71，標準差 0.49）；排名第二的為「內容多元、饒富趣味」（平均數 3.43，標準差 0.79）；第三的則為「相關內容更新快速」（平均數 3.43，標準差 0.98）；而排名最後的因素是「電子報內容豐富」（平均數 2.57，標準差 0.98）。

表 4-2-23e　網路書店虛擬社群收入在 80,001 ~100,000 元
對思考體驗之因素排名

排名	題項代號	思考體驗因素	平均數	標準差
1	T8	該網路書店的書籍分類方式很恰當	3.71	0.49
2	T1	該網路書店內容多元、饒富趣味	3.43	0.79
3	T3	該網路書店的相關內容更新快速	3.43	0.98
4	T2	該網路書店所舉辦的活動或遊戲充滿新意，可以激發使用者創意思考	3.14	0.69
5	T4	該網路書店設有特殊的主題討論區（如知名作家或熱門書籍的專屬討論區）	3.14	0.69
6	T5	該網路書店有許多專業人士在主題討論區	3.00	1.00
7	T7	該網路書店討論區的資訊流通快速	3.00	1.15
8	T6	該網路書店的電子報內容豐富	2.57	0.98
思考體驗因素			3.18	0.85

　　樣本中收入在 100,000 元以上對網站思考體驗因素之重視
程度排名，第一位的為「相關內容更新快速」（平均數 4.11，
標準差 0.60）；排名第二的為「書籍分類方式很恰當」（平均數
4.11，標準差 0.93）；第三的則為「內容多元、饒富趣味」（平
均數 3.44，標準差 0.73）；而排名最後的因素是「有許多專業
人士在主題討論區」（平均數 3.00，標準差 1.00）。

表 4-2-23f　網路書店虛擬社群收入在 100,000 元以上對思
考體驗之因素排名

排名	題項代號	思考體驗因素	平均數	標準差
1	T3	該網路書店的相關內容更新快速	4.11	0.60
2	T8	該網路書店的書籍分類方式很恰當	4.11	0.93
3	T1	該網路書店內容多元、饒富趣味	3.44	0.73
4	T2	該網路書店所舉辦的活動或遊戲充滿新意，可以激發使用者創意思考	3.44	0.73
5	T6	該網路書店的電子報內容豐富	3.44	0.53
6	T4	該網路書店設有特殊的主題討論區（如知名作家或熱門書籍的專屬討論區）	3.22	1.09
7	T7	該網路書店討論區的資訊流通快速	3.11	1.36
8	T5	該網路書店有許多專業人士在主題討論區	3.00	1.00
思考體驗因素			3.49	0.87

　　根據表 4-2-24a、4-2-24b、4-2-24c、4-2-24d、4-2-24e 及
4-2-24f 的調查結果顯示，本研究樣本中收入在 20,000 元以下
對網站行動體驗因素之重視程度排名，第一位的為「書摘內容
試閱功能」（平均數 4.16，標準差 0.71）；排名第二的為「訂單
查詢功能」（平均數 4.11，標準差 0.78）；第三的則為「註冊成
為會員」（平均數 4.10，標準差 0.80）；而排名最後的因素是「聊
天室功能」（平均數 2.83，標準差 0.85）。

表 4-2-24a　網路書店虛擬社群收入在 20,000 元以下對行
動體驗之因素排名

排名	題項代號	行動體驗因素	平均數	標準差
1	A4	我願意使用該網路書店的書摘內容試閱功能	4.16	0.71
2	A5	我願意使用該網路書店的訂單查詢功能	4.11	0.78
3	A6	我願意註冊成為該網路書店的會員	4.10	0.80
4	A9	我願意參加該網路書店所舉辦的促銷活動（減價、電子折價券等）	4.05	0.80
5	A8	我願意參加該網路書店所舉辦的線上活動（徵文、抽獎、遊戲等）	3.78	0.95
6	A7	我願意訂閱該網路書店的電子報	3.71	0.98
7	A2	我願意使用該網路書店的留言版功能	3.30	0.86
8	A1	我願意使用該網路書店的討論區功能	3.20	0.85
9	A3	我願意使用該網路書店的聊天室功能	2.83	0.85
行動體驗因素			3.69	0.84

　　樣本中收入在 20,001~40,000 元對網站行動體驗因素之重
視程度排名，第一位的為「書摘內容試閱功能」（平均數 4.14，
標準差 0.68）；排名第二的為「訂單查詢功能」（平均數 4.14，
標準差 0.69）；第三的則為「註冊成為會員」（平均數 4.11，標
準差 0.76）；而排名最後的因素是「聊天室功能」（平均數 2.89，
標準差 0.87）。

表4-2-24b　網路書店虛擬社群收入在20,001~40,000元對
行動體驗之因素排名

排名	題項代號	行動體驗因素	平均數	標準差
1	A4	我願意使用該網路書店的書摘內容試閱功能	4.14	0.68
2	A5	我願意使用該網路書店的訂單查詢功能	4.14	0.69
3	A6	我願意註冊成為該網路書店的會員	4.11	0.76
4	A9	我願意參加該網路書店所舉辦的促銷活動（減價、電子折價券等）	4.03	0.78
5	A7	我願意訂閱該網路書店的電子報	3.94	0.88
6	A8	我願意參加該網路書店所舉辦的線上活動（徵文、抽獎、遊戲等）	3.82	0.86
7	A2	我願意使用該網路書店的留言版功能	3.29	0.86
8	A1	我願意使用該網路書店的討論區功能	3.24	0.86
9	A3	我願意使用該網路書店的聊天室功能	2.89	0.87
行動體驗因素			3.73	0.80

　　樣本中收入在 40,001~60,000 元對網站行動體驗因素之重視程度排名，第一位的為「訂單查詢功能」（平均數 4.27，標準差 0.73）；排名第二的為「書摘內容試閱功能」（平均數4.25，標準差 0.64）；第三的則為「註冊成為會員」（平均數 4.23，標準差 0.71）；而排名最後的因素是「聊天室功能」（平均數 2.80，標準差 0.82）。

表4-2-24c　網路書店虛擬社群收入在40,001~60,000元對
行動體驗之因素排名

排名	題項代號	行動體驗因素	平均數	標準差
1	A5	我願意使用該網路書店的訂單查詢功能	4.27	0.73
2	A4	我願意使用該網路書店的書摘內容試閱功能	4.25	0.64
3	A6	我願意註冊成為該網路書店的會員	4.23	0.71
4	A9	我願意參加該網路書店所舉辦的促銷活動（減價、電子折價券等）	4.14	0.64
5	A7	我願意訂閱該網路書店的電子報	3.91	0.84
6	A8	我願意參加該網路書店所舉辦的線上活動（徵文、抽獎、遊戲等）	3.63	0.93
7	A2	我願意使用該網路書店的留言版功能	3.14	0.77
8	A1	我願意使用該網路書店的討論區功能	3.09	0.90
9	A3	我願意使用該網路書店的聊天室功能	2.80	0.82
行動體驗因素			3.72	0.78

　　樣本中收入在 60,001~80,000 元對網站行動體驗因素之重視程度排名，第一位的為「訂單查詢功能」（平均數 4.12，標準差 0.71）；排名第二的為「促銷活動」（平均數 4.12，標準差 0.82）；第三的則為「書摘內容試閱功能」（平均數 4.04，標準差 0.77）；而排名最後的因素是「聊天室功能」（平均數 2.88，標準差 0.65）。

表 4-2-24d　網路書店虛擬社群收入在 60,001~80,000 元對行動
體驗之因素排名

排名	題項代號	行動體驗因素	平均數	標準差
1	A5	我願意使用該網路書店的訂單查詢功能	4.12	0.71
2	A9	我願意參加該網路書店所舉辦的促銷活動（減價、電子折價券等）	4.12	0.82
3	A4	我願意使用該網路書店的書摘內容試閱功能	4.04	0.77
4	A6	我願意註冊成為該網路書店的會員	4.00	0.69
5	A7	我願意訂閱該網路書店的電子報	3.69	0.88
6	A8	我願意參加該網路書店所舉辦的線上活動（徵文、抽獎、遊戲等）	3.65	0.94
7	A2	我願意使用該網路書店的留言版功能	3.27	0.78
8	A1	我願意使用該網路書店的討論區功能	3.23	0.65
9	A3	我願意使用該網路書店的聊天室功能	2.88	0.65
行動體驗因素			3.67	0.77

　　樣本中收入在 80,001~100,000 元對網站行動體驗因素之
重視程度排名，第一位的為「書摘內容試閱功能」（平均數
4.14，標準差 0.69）；排名第二的為「訂單查詢功能」（平均數
4.14，標準差 0.69）；第三的則為「促銷活動」（平均數 4.00，
標準差 0.58）；而排名最後的因素是「訂閱電了報」（平均數
3.00，標準差 0.82）。

表 4-2-24e　　網路書店虛擬社群收入在 80,001 ~100,000 元
對行動體驗之因素排名

排名	題項代號	行動體驗因素	平均數	標準差
1	A4	我願意使用該網路書店的書摘內容試閱功能	4.14	0.69
2	A5	我願意使用該網路書店的訂單查詢功能	4.14	0.69
3	A9	我願意參加該網路書店所舉辦的促銷活動（減價、電子折價券等）	4.00	0.58
4	A6	我願意註冊成為該網路書店的會員	3.86	1.07
5	A8	我願意參加該網路書店所舉辦的線上活動（徵文、抽獎、遊戲等）	3.57	0.53
6	A2	我願意使用該網路書店的留言版功能	3.43	0.98
7	A3	我願意使用該網路書店的聊天室功能	3.29	1.11
8	A1	我願意使用該網路書店的討論區功能	3.14	1.07
9	A7	我願意訂閱該網路書店的電子報	3.00	0.82
行動體驗因素			3.62	0.84

　　樣本中收入在 100,000 元以上對網站行動體驗因素之重視
程度排名，第一位的為「訂單查詢功能」（平均數 4.44，標準
差 0.53）；排名第二的為「書摘內容試閱功能」（平均數 4.22，
標準差 0.67）；第三的則為「註冊成為會員」（平均數 4.22，標
準差 0.44）；而排名最後的因素是「聊天室功能」（平均數 2.78，
標準差 0.83）。

表 4-2-24f　網路書店虛擬社群收入在 100,000 元以上對行
動體驗之因素排名

排名	題項代號	行動體驗因素	平均數	標準差
1	A5	我願意使用該網路書店的訂單查詢功能	4.44	0.53
2	A4	我願意使用該網路書店的書摘內容試閱功能	4.22	0.67
3	A6	我願意註冊成為該網路書店的會員	4.22	0.44
4	A9	我願意參加該網路書店所舉辦的促銷活動（減價、電子折價券等）	4.11	0.78
5	A8	我願意參加該網路書店所舉辦的線上活動（徵文、抽獎、遊戲等）	3.67	0.87
6	A7	我願意訂閱該網路書店的電子報	3.56	0.88
7	A1	我願意使用該網路書店的討論區功能	3.22	1.09
8	A2	我願意使用該網路書店的留言版功能	3.22	0.97
9	A3	我願意使用該網路書店的聊天室功能	2.78	0.83
行動體驗因素			3.72	0.78

　　根據表 4-2-25a、4-2-25b、4-2-25c、4-2-25d、4-2-25e 及 4-2-25f 的調查結果顯示，本研究樣本中收入在 20,000 元以下對網站關聯體驗因素之重視程度排名，第一位的為「會員可享有會員專屬服務」（平均數 3.87，標準差 0.78）；排名第二的為「有熱門書籍的專屬討論區」（平均數 3.57，標準差 0.86）；第三的則為「可以提升文化水準」（平均數 3.53，標準差 0.94）；而排名最後的因素是「感受到與其他網友是同一個團體」（平均數 2.92，標準差 0.89）。

表 4-2-25a　網路書店虛擬社群收入在 20,000 元以下對關
聯體驗之因素排名

排名	題項代號	關聯體驗因素	平均數	標準差
1	R8	加入該網路書店會員可享有會員專屬服務	3.87	0.78
2	R3	該網路書店有熱門書籍的專屬討論區（如失戀雜誌、哈利波特等）	3.57	0.86
3	R7	常上該網路書店可以提升文化水準	3.53	0.94
4	R2	該網路書店有知名作家的專屬討論區（如金庸、村上春樹等）	3.41	0.88
5	R1	該網路書店是由知名的出版社或實體書店所成立的	3.39	1.09
6	R6	該網路書店會讓使用者有一種認同感	3.38	0.92
7	R5	該網路書店的經營氣氛或風格具有某種社會規範	3.32	0.87
8	R9	加入該網路書店會員可與其他網友增加關聯	3.02	0.91
9	R4	該網路書店讓我感受到我與其他網友是同一個團體	2.92	0.89
關聯體驗因素			3.38	0.90

　　樣本中收入在 20,001~40,000 元對網站關聯體驗因素之重視程度排名，第一位的為「會員可享有會員專屬服務」（平均數 3.87，標準差 0.73）；排名第二的為「由知名的出版社或實體書店所成立」（平均數 3.58，標準差 1.03）；第三的則為「可以提升文化水準」（平均數 3.53，標準差 0.91）；而排名最後的因素是「感受到與其他網友是同一個團體」（平均數 3.03，標準差 0.90）。

表4-2-25b　網路書店虛擬社群收入在20,001~40,000元對
關聯體驗之因素排名

排名	題項代號	關聯體驗因素	平均數	標準差
1	R8	加入該網路書店會員可享有會員專屬服務	3.87	0.73
2	R1	該網路書店是由知名的出版社或實體書店所成立的	3.58	1.03
3	R7	常上該網路書店可以提升文化水準	3.53	0.91
4	R6	該網路書店會讓使用者有一種認同感	3.52	0.79
5	R3	該網路書店有熱門書籍的專屬討論區（如失戀雜誌、哈利波特等）	3.49	0.87
6	R2	該網路書店有知名作家的專屬討論區（如金庸、村上春樹等）	3.39	0.91
7	R5	該網路書店的經營氣氛或風格具有某種社會規範	3.35	0.86
8	R9	加入該網路書店會員可與其他網友增加關聯	3.13	0.92
9	R4	該網路書店讓我感受到我與其他網友是同一個團體	3.03	0.90
關聯體驗因素			3.43	0.88

　　樣本中收入在 40,001~60,000 元對網站關聯體驗因素之重
視程度排名，第一位的為「會員可享有會員專屬服務」（平均數
3.96，標準差 0.69）；排名第二的為「可以提升文化水準」（平
均數 3.63，標準差 0.82）；第三的則為「有熱門書籍的專屬討論
區」（平均數 3.43，標準差 0.95）；而排名最後的因素是「感受
到與其他網友是同一個團體」（平均數 2.86，標準差 0.90）。

表4-2-25c　網路書店虛擬社群收入在40,001~60,000元對
關聯體驗之因素排名

排名	題項代號	關聯體驗因素	平均數	標準差
1	R8	加入該網路書店會員可享有會員專屬服務	3.96	0.69
2	R7	常上該網路書店可以提升文化水準	3.63	0.82
3	R3	該網路書店有熱門書籍的專屬討論區（如失戀雜誌、哈利波特等）	3.43	0.95
4	R6	該網路書店會讓使用者有一種認同感	3.36	0.90
5	R1	該網路書店是由知名的出版社或實體書店所成立的	3.34	1.21
6	R5	該網路書店的經營氣氛或風格具有某種社會規範	3.30	0.83
7	R2	該網路書店有知名作家的專屬討論區（如金庸、村上春樹等）	3.25	0.90
8	R9	加入該網路書店會員可與其他網友增加關聯	3.07	0.91
9	R4	該網路書店讓我感受到我與其他網友是同一個團體	2.86	0.90
關聯體驗因素			3.36	0.90

　　樣本中收入在 60,001~80,000 元對網站關聯體驗因素之重
視程度排名，第一位的為「會員可享有會員專屬服務」（平均
數 3.92，標準差 0.69）；排名第二的為「由知名的出版社或實
體書店所成立」（平均數 3.77，標準差 0.82）；第三的則為「有
熱門書籍的專屬討論區」（平均數 3.65，標準差 0.63）；而排名
最後的因素是「感受到與其他網友是同一個團體」（平均數
3.08，標準差 0.93）。

表4-2-25d　網路書店虛擬社群收入在60,001~80,000元對
關聯體驗之因素排名

排名	題項代號	關聯體驗因素	平均數	標準差
1	R8	加入該網路書店會員可享有會員專屬服務	3.92	0.69
2	R1	該網路書店是由知名的出版社或實體書店所成立的	3.77	0.82
3	R3	該網路書店有熱門書籍的專屬討論區（如失戀雜誌、哈利波特等）	3.65	0.63
4	R2	該網路書店有知名作家的專屬討論區（如金庸、村上春樹等）	3.54	0.76
5	R7	常上該網路書店可以提升文化水準	3.50	0.99
6	R5	該網路書店的經營氣氛或風格具有某種社會規範	3.38	0.94
7	R6	該網路書店會讓使用者有一種認同感	3.31	0.88
8	R9	加入該網路書店會員可與其他網友增加關聯	3.23	0.99
9	R4	該網路書店讓我感受到我與其他網友是同一個團體	3.08	0.93
關聯體驗因素			3.49	0.85

　　樣本中收入在 80,001~100,000 元對網站關聯體驗因素之
重視程度排名，第一位的為「會員可享有會員專屬服務」（平
均數 3.86，標準差 0.69）；排名第二的為「有熱門書籍的專屬
討論區」（平均數 3.29，標準差 0.76）；第三的則為「由知名的
出版社或實體書店所成立」（平均數 3.14，標準差 1.07）；而排
名最後的因素是「讓使用者有一種認同感」（平均數 2.71，標
準差 1.11）。

表 4-2-25e　網路書店虛擬社群收入在 80,001~100,000 元
對關聯體驗之因素排名

排名	題項代號	關聯體驗因素	平均數	標準差
1	R8	加入該網路書店會員可享有會員專屬服務	3.86	0.69
2	R3	該網路書店有熱門書籍的專屬討論區（如失戀雜誌、哈利波特等）	3.29	0.76
3	R1	該網路書店是由知名的出版社或實體書店所成立的	3.14	1.07
4	R7	常上該網路書店可以提升文化水準	3.14	1.07
5	R9	加入該網路書店會員可與其他網友增加關聯	3.00	0.58
6	R2	該網路書店有知名作家的專屬討論區（如金庸、村上春樹等）	2.86	0.69
7	R4	該網路書店讓我感受到我與其他網友是同一個團體	2.86	0.90
8	R5	該網路書店的經營氣氛或風格具有某種社會規範	2.86	1.07
9	R6	該網路書店會讓使用者有一種認同感	2.71	1.11
關聯體驗因素			3.08	0.88

　　樣本中收入在 100,000 元以上對網站關聯體驗因素之重視
程度排名，第一位的為「會員可享有會員專屬服務」（平均數
4.22，標準差 0.97）；排名第二的為「由知名的出版社或實體書
店所成立」（平均數 3.56，標準差 1.01）；第三的則為「讓使用
者有一種認同感」（平均數 3.44，標準差 1.01）；而排名最後的
因素是「可與其他網友增加關聯」（平均數 2.56，標準差 1.01）。

表 4-2-25f　網路書店虛擬社群收入在 100,000 元以上對關
聯體驗之因素排名

排名	題項代號	關聯體驗因素	平均數	標準差
1	R8	加入該網路書店會員可享有會員專屬服務	4.22	0.97
2	R1	該網路書店是由知名的出版社或實體書店所成立的	3.56	1.01
3	R6	該網路書店會讓使用者有一種認同感	3.44	1.01
4	R2	該網路書店有知名作家的專屬討論區（如金庸、村上春樹等）	3.22	0.67
5	R3	該網路書店有熱門書籍的專屬討論區（如失戀雜誌、哈利波特等）	3.11	0.60
6	R5	該網路書店的經營氣氛或風格具有某種社會規範	3.11	0.93
7	R7	常上該網路書店可以提升文化水準	3.11	1.05
8	R4	該網路書店讓我感受到我與其他網友是同一個團體	2.89	1.05
9	R9	加入該網路書店會員可與其他網友增加關聯	2.56	1.01
關聯體驗因素			3.25	0.92

4.3 人口變項及網路使用型態與網路書店虛擬社群網站體驗之差異分析

為了解不同的人口統計變項及網路使用型態與不同網站策略體驗模組之間的差異性，本節將以人口變項（包括：性別、年齡、教育程度、職業、平均月收入）及網路使用型態（包括：上網頻率、平均每次上網時間、連線速度），分別與網站策略體驗模組（包括：感官體驗、情感體驗、思考體驗、行動體驗、關聯體驗）做差異性分析；其中變數若只有兩個因素水準，則採用獨立樣本的 t 檢定，來檢驗平均數是否具有差異，而因素水準若在兩個以上，則採用單因子變異數分析來檢驗各組是否有差異性存在。

4.3.1 性別與網路書店虛擬社群網站感官體驗之均數差分析

網站感官體驗在性別間的差異，採用獨立樣本 t 檢定的檢驗結果如表 4-3-1，發現男性與女性在網站感官體驗上沒有顯著差異（顯著性為 P=0.078，大於 0.05 的顯著水準），因而接受虛無假設，得知性別與網路書店虛擬社群網站感官體驗間無顯著差異。

表 4-3-1　性別與網路書店虛擬社群網站感官體驗之 T 檢定

	平均數		標準差		F檢定	T值	自由度	P值
感官體驗	男	女	男	女	0.424	-1.768	578	0.078
	3.52	4.00	0.52	0.52				

顯著水準 α =0.05；***表 P 值<0.001，**表 P 值<0.05

4.3.2 性別與網路書店虛擬社群網站情感體驗之均數差分析

　　網站情感體驗在性別間的差異，採用獨立樣本 t 檢定的檢驗結果如表 4-3-2，發現男性與女性在網站情感體驗上沒有顯著差異（顯著性為 P=0.923，大於 0.05 的顯著水準），因而接受虛無假設，得知性別與網路書店虛擬社群網站情感體驗間無顯著差異。

表 4-3-2　性別與網路書店虛擬社群網站情感體驗之 T 檢定

情感體驗	平均數		標準差		F檢定	T值	自由度	P值
	男	女	男	女	4.395	-0.096	578	0.923
	3.12	3.13	0.63	0.70				

顯著水準 α =0.05；***表 P 值<0.001，**表 P 值<0.05

4.3.3 性別與網路書店虛擬社群網站思考體驗之均數差分析

　　網站思考體驗在性別間的差異，採用獨立樣本 t 檢定的檢驗結果如表 4-3-3，發現男性與女性在網站思考體驗上有顯著差異（顯著性為 P=0.038，小於 0.05 的顯著水準），因而拒絕虛無假設，得知性別與網路書店虛擬社群網站思考體驗間有顯著差異；且女性網站思考體驗平均數 3.61（標準差 0.52）大於男性網站思考體驗平均數 3.51（標準差 0.58），因此可得知女性網站思考體驗高於男性；所以網站思考體驗在不同性別間有顯著差異。

表 4-3-3　性別與網路書店虛擬社群網站思考體驗之 T 檢定

思考體驗	平均數		標準差		F檢定	T值	自由度	P值
	男	女	男	女	2.553	-2.079	578	0.038**
	3.51	3.61	0.58	0.52				

顯著水準 α =0.05；***表 P 值<0.001，**表 P 值<0.05

　　在相關研究方面，根據 Nielsen//NetRatings 的分析報告指出，在網路的使用上，女性是明顯較為講求效率的族群，所以在網站的設計上必須著重於使用便利性；而除了「交易安全性」是她們對於網路購物的最大疑慮之外，其他如「商品資訊不足」也是女性對於上網購物的疑慮之一。而石恩綸（2000）的「女性網路使用者的網站印象與網路使用行為」研究中也發現，女性網路使用者最重視的網站特性為「反應性」與「資訊性」。由以上研究結果可知，網站經營者在針對女性網友的網站思考體驗方面，應著重於「資訊內容層面」，加強內容的豐富性、流通的快速性等，並透過多元趣味的網站設計，引發網友的創意思考，以增強即將成為網路主流的女性網路使用者之網站思考體驗。

4.3.4 性別與網路書店虛擬社群網站行動體驗之均數差分析

　　網站行動體驗在性別間的差異，採用獨立樣本 t 檢定的檢驗結果如表 4-3-4，發現男性與女性在網站行動體驗上沒有顯著差異（顯著性為 P=0.325，大於 0.05 的顯著水準），因而接受虛無假設，得知性別與網路書店虛擬社群網站行動體驗間無顯著差異。

表 4-3-4　性別與網路書店虛擬社群網站行動體驗之 T 檢定

行動體驗	平均數		標準差		F檢定	T值	自由度	P值
	男	女	男	女	2.142	-0.984	578	0.325
	3.68	3.73	0.48	0.56				

顯著水準 α =0.05；***表 P 值<0.001，**表 P 值<0.05

4.3.5 性別與網路書店虛擬社群網站關聯體驗之均數差分析

　　網站關聯體驗在性別間的差異，採用獨立樣本 t 檢定的檢驗結果如表 4-3-5，發現男性與女性在網站關聯體驗上有顯著差異（顯著性為 P=0.031，小於 0.05 的顯著水準），因而拒絕虛無假設，得知性別與網路書店虛擬社群網站關聯體驗間有顯著差異；且女性網站關聯體驗平均數 3.44（標準差 0.59）大於男性網站關聯體驗平均數 3.33（標準差 0.56），因此可得知女性網站關聯體驗高於男性。

表 4-3-5　性別與網路書店虛擬社群網站關聯體驗之 T 檢定

關聯體驗	平均數		標準差		F檢定	T值	自由度	P值
	男	女	男	女	0.767	-2.157	578	0.031**
	3.33	3.44	0.56	0.59				

顯著水準 α =0.05；***表 P 值<0.001，**表 P 值<0.05

　　李育霖（2002）在「國內入口網站品牌經營與品牌定位之研究」中發現，男性對於網站的品牌定位來源係根據其本身的使用偏好與網站品牌的國際化程度；而女性除根據其本身使用偏好及網站品牌國際化程度外，亦受網站品牌的創新度影響。由本研究及相關研究結果可知，網站應加強網站品牌的經營，

增加品牌知名度及提升文化價值，讓消費者產生認同感及歸屬
感等網站關聯體驗。

4.3.6 年齡與網路書店虛擬社群網站感官體驗之變異數分析

　　網站感官體驗在年齡間的差異，採用單因子變異數分析
後，檢驗結果如表 4-3-6，發現網站感官體驗在年齡間沒有顯
著差異（顯著性為 P=0.506，大於 0.05 的顯著水準），因此接
受虛無假設，得知年齡與網路書店虛擬社群網站感官體驗間無
顯著差異。

表 4-3-6　　年齡與網路書店虛擬社群網站感官體驗之變異數
分析

		平方和	自由度	平均平方和	F檢定	P值
感官體驗	組間	70.445	6	11.741	0.885	0.506
	組內	7604.003	573	13.271		
	總和	7674.448	579			

顯著水準 α =0.05：***表 P 值<0.001，**表 P 值<0.05

4.3.7 年齡與網路書店虛擬社群網站情感體驗之變異數分析

　　網站情感體驗在年齡間的差異，採用單因子變異數分析
後，檢驗結果如表 4-3-7，發現網站情感體驗在年齡間沒有顯
著差異（顯著性為 P=0.154，大於 0.05 的顯著水準），因此接
受虛無假設，得知年齡與網路書店虛擬社群網站情感體驗間無
顯著差異。

表 4-3-7　年齡與網路書店虛擬社群網站情感體驗之變異數
分析

		平方和	自由度	平均平方和	F檢定	P值
情感體驗	組間	151.591	6	25.265	1.570	0.154
	組內	9223.643	573	16.097		
	總和	9375.234	579			

顯著水準 α =0.05；***表 P 值<0.001，**表 P 值<0.05

4.3.8 年齡與網路書店虛擬社群網站思考體驗之變異數分析

　　網站思考體驗在年齡間的差異，採用單因子變異數分析後，檢驗結果如表 4-3-8，發現網站思考體驗在年齡間沒有顯著差異（顯著性為 P=0.236，大於 0.05 的顯著水準），因此接受虛無假設，得知年齡與網路書店虛擬社群網站思考體驗間無顯著差異。

表 4-3-8　年齡與網路書店虛擬社群網站思考體驗之變異數
分析

		平方和	自由度	平均平方和	F檢定	P值
思考體驗	組間	154.747	6	25.791	1.342	0.236
	組內	11010.237	573	19.215		
	總和	11164.984	579			

顯著水準 α =0.05；***表 P 值<0.001，**表 P 值<0.05

4.3.9 年齡與網路書店虛擬社群網站行動體驗之變異數分析

　　網站行動體驗在年齡間的差異，採用單因子變異數分析後，檢驗結果如表 4-3-9，發現網站行動體驗在年齡間沒有顯著差異（顯著性為 P=0.707，大於 0.05 的顯著水準），因此接受虛無假設，得知年齡與網路書店虛擬社群網站行動體驗間無顯著差異。

表 4-3-9　　年齡與網路書店虛擬社群網站行動體驗之變異數分析

		平方和	自由度	平均平方和	F檢定	P值
行動體驗	組間	85.816	6	14.303	0.629	0.707
	組內	13033.306	573	22.746		
	總和	13119.122	579			

顯著水準 α =0.05；***表 P 值<0.001，**表 P 值<0.05

4.3.10 年齡與網路書店虛擬社群網站關聯體驗之變異數分析

　　網站關聯體驗在年齡間的差異，採用單因子變異數分析後，檢驗結果如表 4-3-10，發現網站關聯體驗在年齡間沒有顯著差異（顯著性為 P=0.218，大於 0.05 的顯著水準），因此接受虛無假設，得知年齡與網路書店虛擬社群網站關聯體驗間無顯著差異。

表 4-3-10　年齡與網路書店虛擬社群網站關聯體驗之變異
數分析

		平方和	自由度	平均平方和	F檢定	P值
關聯體驗	組間	227.251	6	37.875	1.387	0.218
	組內	15650.837	573	27.314		
	總和	15878.088	579			

顯著水準 α =0.05；***表 P 值<0.001，**表 P 值<0.05

4.3.11 教育程度與網路書店虛擬社群網站感官體驗之變異數分析

網站感官體驗在教育程度間的差異，採用單因子變異數分析後，檢驗結果如表 4-3-11，發現網站感官體驗在教育程度間有顯著差異（顯著性為 P=0.027，小於 0.05 的顯著水準），因此拒絕虛無假設，得知教育程度與網路書店虛擬社群網站感官體驗間有顯著差異。

表 4-3-11　教育程度與網路書店虛擬社群網站感官體驗之
變異數分析

		平方和	自由度	平均平方和	F檢定	P值
感官體驗	組間	144.509	4	36.127	2.759	0.027**
	組內	7529.940	575	13.096		
	總和	7674.448	579			

顯著水準 α =0.05；***表 P 值<0.001，**表 P 值<0.05

　　為瞭解是何種教育程度間對網站感官體驗產生差異，於是
進一步採用 Scheffe 多重檢定法加以檢定，從表 4-3-12 可看出
不同教育程度在網站感官體驗因素構面的平均數，並以兩兩比
較的方式進行檢定，最後列出檢定顯著者，但最後檢驗結果顯
示並無任兩組間達到顯著差異。而若以各組平均數來看，可發
現國（初）中或以下組（平均數 4.00，標準差 0.36）的網站感
官體驗要高於其他各組。在其他相關研究中，江敏霞（2001）
針對「網站設計品質」的研究中發現，使用者對整體網站設計
品質的認知會因教育程度之不同而有顯著的差異，並且呈現教
育程度愈低，網站設計品質認知愈高的趨勢，而其中又以教育
程度在高中職以下的顯著高於碩博士以上的使用者，由此可知
教育程度愈低者，在網站設計上愈重視感官刺激。

表 4-3-12　教育程度與網路書店虛擬社群網站感官體驗之
Scheffe 檢定

	國（初）中或以下	高中（職）	專科	大學院校	研究所或以上	Scheffe 檢定顯著性
感官體驗	平均數					未檢驗出個別差異
	4.00	3.71	3.66	3.55	3.51	
	標準差					
	0.36	0.50	0.44	0.53	0.53	

顯著水準 α =0.05；***表 P 值<0.001，**表 P 值<0.05

4.3.12 **教育程度與網路書店虛擬社群網站情感體驗之變異數分析**

網站情感體驗在教育程度間的差異，採用單因子變異數分析後，檢驗結果如表 4-3-13，發現網站情感體驗在教育程度間有顯著差異（顯著性為 P=0.000，小於 0.05 的顯著水準），因此拒絕虛無假設，得知教育程度與網路書店虛擬社群網站情感體驗間有顯著差異。

表 4-3-13　教育程度與網路書店虛擬社群網站情感體驗之變異數分析

		平方和	自由度	平均平方和	F檢定	P值
情感體驗	組間	430.664	4	107.666	6.921	0.000***
	組內	8944.570	575	15.556		
	總和	9375.234	579			

顯著水準 α =0.05；***表 P 值<0.001，**表 P 值<0.05

為瞭解是何種教育程度間對網站情感體驗產生差異，於是進一步採用 Scheffe 多重檢定法加以檢定，從表 4-3-14 可看出不同教育程度在網站情感體驗因素構面的平均數，並以兩兩比較的方式進行檢定，最後列出檢定顯著者，檢驗結果顯示：國（初）中或以下組與研究所或以上組（顯著性為 P=0.013，小於 0.05 的顯著水準）及高中（職）組與研究所或以上組（顯著性為 P=0.009，小於 0.05 的顯著水準）達到顯著差異。而若以各組平均數來看，可發現國（初）中或以下組（平均數 3.95，標準差 0.43）的網站情感體驗要高於其他各組。根據李郁菁

（2000）針對虛擬社群的研究中發現，學歷愈高者愈不注重網站之「人際溝通」因素；本研究中教育程度在研究所或以上者實際社交層面廣，較不需依賴網路獲得情感的慰藉，而高中（職）以下者，藉由網路上的情感交流，可以得到實體生活中得不到的滿足感，因而較注重網站的情感體驗因素。

表 4-3-14　教育程度與網路書店虛擬社群網站情感體驗之
Scheffe 檢定

	國（初）中或以下	高中（職）	專科	大學院校	研究所或以上	Scheffe 檢定顯著性
情感體驗	平均數					國（初）中或以下組與研究所或以上組（0.013**）高中（職）組與研究所或以上組（0.009***）
	3.95	3.44	3.23	3.14	2.97	
	標準差					
	0.43	0.68	0.61	0.65	0.69	

顯著水準 α=0.05；***表 P 值<0.001，**表 P 值<0.05

4.3.13 教育程度與網路書店虛擬社群網站思考體驗之變異數分析

網站思考體驗在教育程度間的差異，採用單因子變異數分析後，檢驗結果如表 4-3-15，發現網站思考體驗在教育程度間沒有顯著差異（顯著性為 P=0.109，大於 0.05 的顯著水準），

因此接受虛無假設，得知教育程度與網路書店虛擬社群網站思考體驗間無顯著差異。

表 4-3-15　　教育程度與網路書店虛擬社群網站思考體驗之變異數分析

		平方和	自由度	平均平方和	F檢定	P值
思考體驗	組間	145.699	4	36.425	1.901	0.109
	組內	11019.286	575	19.164		
	總和	11164.984	579			

顯著水準 α =0.05；***表 P 值<0.001，**表 P 值<0.05

4.3.14 教育程度與網路書店虛擬社群網站行動體驗之變異數分析

網站行動體驗在教育程度間的差異，採用單因子變異數分析後，檢驗結果如表 4-3-16，發現網站行動體驗在教育程度間沒有顯著差異（顯著性為 P=0.100，大於 0.05 的顯著水準），因此接受虛無假設，得知教育程度與網路書店虛擬社群網站行動體驗間無顯著差異。

表 4-3-16　　教育程度與網路書店虛擬社群網站行動體驗之變異數分析

		平方和	自由度	平均平方和	F檢定	P值
行動體驗	組間	175.862	4	43.966	1.953	0.100
	組內	12943.260	575	22.510		
	總和	13119.122	579			

顯著水準 α =0.05；***表 P 值<0.001，**表 P 值<0.05

4.3.15 教育程度與網路書店虛擬社群網站關聯體驗之變異數分析

網站關聯體驗在教育程度間的差異，採用單因子變異數分析後，檢驗結果如表 4-3-17，發現網站關聯體驗在教育程度間有顯著差異（顯著性為 P=0.000，小於 0.05 的顯著水準），因此拒絕虛無假設，得知教育程度與網路書店虛擬社群網站關聯體驗間有顯著差異。

表 4-3-17　教育程度與網路書店虛擬社群網站關聯體驗之
變異數分析

		平方和	自由度	平均平方和	F檢定	P值
關聯體驗	組間	745.609	4	186.402	7.083	0.000***
	組內	15132.479	575	26.317		
	總和	15878.088	579			

為瞭解是何種教育程度間對網站關聯體驗產生差異，於是進一步採用 Scheffe 多重檢定法加以檢定，從表 4-3-18 可看出不同教育程度在網站關聯體驗因素構面的平均數，並以兩兩比較的方式進行檢定，最後列出檢定顯著者，檢驗結果顯示：僅有高中（職）組與研究所或以上組（顯著性為 P=0.002，小於 0.05 的顯著水準）達到顯著差異。而若以平均數來看，可得知高中（職）組（平均數 3.72，標準差 0.53）的網站關聯體驗要高於研究所或以上組。根據李郁菁（2000）針對虛擬社群的研究中發現，教育程度在高中職以下之組織忠誠度表現，是顯著高於研究所以上，其對社群的歸屬感及認同感也較高；由此可知，本研究結果可能是因為教育程度在研究所以上之成員，自主性較強，對組織認同感較低，相對影響到其對網站關聯體驗的重視程度。

表 4-3-18　教育程度與網路書店虛擬社群網站關聯體驗之
Scheffe 檢定

關聯體驗	國(初)中或以下	高中（職）	專科	大學院校	研究所或以上	Scheffe 檢定顯著性
	平均數					高中（職）組與研究所或以上組（0.002***）
	3.98	3.72	3.49	3.40	3.25	
	標準差					
	0.48	0.53	0.52	0.57	0.59	

顯著水準 α =0.05；***表 P 值<0.001，**表 P 值<0.05

4.3.16 職業與網路書店虛擬社群網站感官體驗之變異數分析

　　網站感官體驗在職業間的差異，採用單因子變異數分析後，檢驗結果如表 4-3-19，發現網站感官體驗在職業間沒有顯著差異（顯著性為 P=0.981，大於 0.05 的顯著水準），因此接受虛無假設，得知職業與網路書店虛擬社群網站感官體驗間無顯著差異。

表 4-3-19　職業與網路書店虛擬社群網站感官體驗之變異數分析

		平方和	自由度	平均平方和	F檢定	P值
感官體驗	組間	47.730	11	4.339	0.323	0.981
	組內	7626.718	568	13.427		
	總和	7674.448	579			

顯著水準 α =0.05；***表 P 值<0.001，**表 P 值<0.05

4.3.17 職業與網路書店虛擬社群網站情感體驗之變異數分析

　　網站情感體驗在職業間的差異，採用單因子變異數分析後，檢驗結果如表 4-3-20，發現網站情感體驗在職業間沒有顯著差異（顯著性為 P=0.685，大於 0.05 的顯著水準），因此接受虛無假設，得知職業與網路書店虛擬社群網站情感體驗間無顯著差異。

表 4-3-20　　職業與網路書店虛擬社群網站情感體驗之變異數分析

		平方和	自由度	平均平方和	F檢定	P值
	組間	135.180	11	12.289	0.755	0.685
情感體驗	組內	9240.054	568	16.268		
	總和	9375.234	579			

顯著水準 α =0.05；***表 P 值<0.001，**表 P 值<0.05

4.3.18 職業與網路書店虛擬社群網站思考體驗之變異數分析

　　網站思考體驗在職業間的差異，採用單因子變異數分析後，檢驗結果如表 4-3-21，發現網站思考體驗在職業間沒有顯著差異（顯著性為 P=0.379，大於 0.05 的顯著水準），因此接受虛無假設，得知職業與網路書店虛擬社群網站思考體驗間無顯著差異。

表 4-3-21　　職業與網路書店虛擬社群網站思考體驗之變異數分析

		平方和	自由度	平均平方和	F檢定	P值
	組間	227.741	11	20.704	1.075	0.379
思考體驗	組內	10937.244	568	19.256		
	總和	11164.984	579			

顯著水準 α =0.05；***表 P 值<0.001，**表 P 值<0.05

4.3.19 職業與網路書店虛擬社群網站行動體驗之變異數分析

　　網站行動體驗在職業間的差異，採用單因子變異數分析後，檢驗結果如表 4-3-22，發現網站行動體驗在職業間沒有顯著差異（顯著性為 P=0.681，大於 0.05 的顯著水準），因此接受虛無假設，得知職業與網路書店虛擬社群網站行動體驗間無顯著差異。

表 4-3-22　職業與網路書店虛擬社群網站行動體驗之變異數分析

		平方和	自由度	平均平方和	F檢定	P值
行動體驗	組間	190.189	11	17.290	0.760	0.681
	組內	12928.933	568	22.762		
	總和	13119.122	579			

顯著水準 α =0.05；***表 P 值<0.001，**表 P 值<0.05

4.3.20 職業與網路書店虛擬社群網站關聯體驗之變異數分析

　　網站關聯體驗在職業間的差異，採用單因子變異數分析後，檢驗結果如表 4-3-23，發現網站關聯體驗在職業間沒有顯著差異（顯著性為 P=0.629，大於 0.05 的顯著水準），因此接受虛無假設，得知職業與網路書店虛擬社群網站關聯體驗間無顯著差異。

表 4-3-23 　職業與網路書店虛擬社群網站關聯體驗之變異
數分析

		平方和	自由度	平均平方和	F檢定	P值
	組間	245.694	11	22.336	0.812	0.629
關聯體驗	組內	15632.394	568	27.522		
	總和	15878.088	579			

顯著水準 α =0.05；***表 P 值<0.001，**表 P 值<0.05

4.3.21 平均月收入與網路書店虛擬社群網站感官體驗之變異數分析

　　網站感官體驗在平均月收入間的差異，採用單因子變異數
分析後，檢驗結果如表 4-3-24，發現網站感官體驗在平均月收
入間沒有顯著差異（顯著性為 P=0.371，大於 0.05 的顯著水
準），因此接受虛無假設，得知平均月收入與網路書店虛擬社
群網站感官體驗間無顯著差異。

表 4-3-24 　平均月收入與網路書店虛擬社群網站感官體驗
之變異數分析

		平方和	自由度	平均平方和	F檢定	P值
	組間	71.479	5	14.296	1.079	0.371
感官體驗	組內	7602.969	574	13.246		
	總和	7674.448	579			

顯著水準 α =0.05；***表 P 值<0.001，**表 P 值<0.05

4.3.22 平均月收入與網路書店虛擬社群網站情感體驗之變異數分析

　　網站情感體驗在平均月收入間的差異，採用單因子變異數分析後，檢驗結果如表 4-3-25，發現網站情感體驗在平均月收入間沒有顯著差異（顯著性為 P=0.618，大於 0.05 的顯著水準），因此接受虛無假設，得知平均月收入與網路書店虛擬社群網站情感體驗間無顯著差異。

表 4-3-25　平均月收入與網路書店虛擬社群網站情感體驗之變異數分析

		平方和	自由度	平均平方和	F檢定	P值
情感體驗	組間	57.438	5	11.488	0.708	0.618
	組內	9317.796	574	16.233		
	總和	9375.234	579			

顯著水準 α =0.05；***表 P 值<0.001，**表 P 值<0.05

4.3.23 平均月收入與網路書店虛擬社群網站思考體驗之變異數分析

　　網站思考體驗在平均月收入間的差異，採用單因子變異數分析後，檢驗結果如表 4-3-26，發現網站思考體驗在平均月收入間沒有顯著差異（顯著性為 P=0.489，大於 0.05 的顯著水準），因此接受虛無假設，得知平均月收入與網路書店虛擬社群網站思考體驗間無顯著差異。

表 4-3-26　平均月收入與網路書店虛擬社群網站思考體驗
之變異數分析

		平方和	自由度	平均平方和	F檢定	P值
思考體驗	組間	85.690	5	17.138	0.888	0.489
	組內	11079.294	574	19.302		
	總和	11164.984	579			

顯著水準 α =0.05；***表 P 值<0.001，**表 P 值<0.05

4.3.24 平均月收入與網路書店虛擬社群網站行動體驗之變異數分析

　　網站行動體驗在平均月收入間的差異，採用單因子變異數分析後，檢驗結果如表 4-3-27，發現網站行動體驗在平均月收入間沒有顯著差異（顯著性為 P=0.963，大於 0.05 的顯著水準），因此接受虛無假設，得知平均月收入與網路書店虛擬社群網站行動體驗間無顯著差異。

表 4-3-27　平均月收入與網路書店虛擬社群網站行動體驗
之變異數分析

		平方和	自由度	平均平方和	F檢定	P值
行動體驗	組間	22.697	5	4.539	0.199	0.963
	組內	13096.425	574	22.816		
	總和	13119.122	579			

顯著水準 α =0.05；***表 P 值<0.001，**表 P 值<0.05

4.3.25 平均月收入與網路書店虛擬社群網站關聯體驗之變異數分析

網站關聯體驗在平均月收入間的差異，採用單因子變異數分析後，檢驗結果如表 4-3-28，發現網站關聯體驗在平均月收入間沒有顯著差異（顯著性為 P=0.472，大於 0.05 的顯著水準），因此接受虛無假設，得知平均月收入與網路書店虛擬社群網站關聯體驗間無顯著差異。

表 4-3-28　平均月收入與網路書店虛擬社群網站關聯體驗之變異數分析

		平方和	自由度	平均平方和	F檢定	P值
關聯體驗	組間	125.374	5	25.075	0.914	0.472
	組內	15752.714	574	27.444		
	總和	15878.088	579			

顯著水準 α =0.05；***表 P 值<0.001，**表 P 值<0.05

4.3.26 上網頻率與網路書店虛擬社群網站感官體驗之變異數分析

網站感官體驗在上網頻率間的差異，採用單因子變異數分析後，檢驗結果如表 4-3-29，發現網站感官體驗在上網頻率間有顯著差異（顯著性為 P=0.045，小於 0.05 的顯著水準），因此拒絕虛無假設，得知上網頻率與網路書店虛擬社群網站感官體驗間有顯著差異。

表 4-3-29　上網頻率與網路書店虛擬社群網站感官體驗之
變異數分析

		平方和	自由度	平均平方和	F檢定	P值
感官體驗	組間	106.320	3	35.440	2.697	0.045**
	組內	7568.128	576	13.139		
	總和	7674.448	579			

顯著水準 α =0.05；***表 P 值<0.001，**表 P 值<0.05

　　為瞭解是何種上網頻率間對網站感官體驗產生差異，於是
進一步採用 Scheffe 多重檢定法加以檢定，從表 4-3-30 可看出
不同上網頻率在網站感官體驗因素構面的平均數，並以兩兩比
較的方式進行檢定，最後列出檢定顯著者，但最後檢驗結果顯
示並無任兩組間達到顯著差異。相關研究方面，江敏霞（2001）
的研究結果顯示，網站使用者對整體網站設計品質的認知會因
網路使用型態之不同而有顯著的差異，但經 Scheffe 事後比較
後，也並無任兩組間達到顯著差異。

表 4-3-30　上網頻率與網路書店虛擬社群網站感官體驗之
Scheffe 檢定

	幾個禮拜一次	一個禮拜一次	二、三天一次	每天	Scheffe 檢定顯著性
感官體驗	平均數				未檢驗出個別差異
	3.20	3.66	3.67	3.55	
	標準差				
	0.46	0.44	0.46	0.53	

顯著水準 α =0.05；***表 P 值<0.001，**表 P 值<0.05

4.3.27 上網頻率與網路書店虛擬社群網站情感體驗之變異數分析

　　網站情感體驗在上網頻率間的差異，採用單因子變異數分析後，檢驗結果如表 4-3-31，發現網站情感體驗在上網頻率間有顯著差異（顯著性為 P=0.001，小於 0.05 的顯著水準），因此拒絕虛無假設，得知上網頻率與網路書店虛擬社群網站情感體驗間有顯著差異。

表 4-3-31　上網頻率與網路書店虛擬社群網站情感體驗之變異數分析

		平方和	自由度	平均平方和	F檢定	P值
情感體驗	組間	257.367	3	85.789	5.420	0.001***
	組內	9117.868	576	15.830		
	總和	9375.234	579			

顯著水準 α =0.05；***表 P 值<0.001，**表 P 值<0.05

　　為瞭解是何種上網頻率間對網站情感體驗產生差異，於是進一步採用 Scheffe 多重檢定法加以檢定，從表 4-3-32 可看出不同上網頻率在網站情感體驗因素構面的平均數，並以兩兩比較的方式進行檢定，最後列出檢定顯著者，檢驗結果顯示：僅有二、三天一次組與每天組（顯著性為 P=0.018，小於 0.05 的顯著水準）達到顯著差異。而若以平均數來看，可得知二、三天一次組（平均數 3.35，標準差 0.61）的網站情感體驗要高於每天組（平均數 3.08，標準差 0.68）。

表 4-3-32　上網頻率與網路書店虛擬社群網站情感體驗之
Scheffe 檢定

情感體驗	幾個禮拜一次	一個禮拜一次	二、三天一次	每天	Scheffe 檢定顯著性
	平均數				二、三天一次組與每天組（0.018**）
	2.98	3.48	3.35	3.08	
	標準差				
	0.88	0.36	0.61	0.68	

顯著水準 α =0.05；***表 P 值<0.001，**表 P 值<0.05

4.3.28 上網頻率與網路書店虛擬社群網站思考體驗之變異數分析

　　網站思考體驗在上網頻率間的差異，採用單因子變異數分析後，檢驗結果如表 4-3-33，發現網站思考體驗在上網頻率間有顯著差異（顯著性為 P=0.002，小於 0.05 的顯著水準），因此拒絕虛無假設，得知上網頻率與網路書店虛擬社群網站思考體驗間有顯著差異。

表 4-3-33　上網頻率與網路書店虛擬社群網站思考體驗之
變異數分析

		平方和	自由度	平均平方和	F檢定	P值
思考體驗	組間	274.034	3	91.345	4.831	0.002***
	組內	10890.951	576	18.908		
	總和	11164.984	579			

顯著水準 α =0.05；***表 P 值<0.001，**表 P 值<0.05

　　為瞭解是何種上網頻率間對網站思考體驗產生差異，於是進一步採用 Scheffe 多重檢定法加以檢定，從表 4-3-34 可看出不同上網頻率在網站思考體驗因素構面的平均數，並以兩兩比較的方式進行檢定，最後列出檢定顯著者，檢驗結果顯示：幾個禮拜一次組與二、三天一次組（顯著性為 P=0.005，小於 0.05 的顯著水準）及幾個禮拜一次組與每天組（顯著性為 P=0.036，小於 0.05 的顯著水準）達到顯著差異。而若以各組平均數來看，可得知幾個禮拜一次組（平均數 2.99，標準差 0.34）的網站思考體驗要低於二、三天一次組（平均數 3.71，標準差 0.51）及每天組（平均數 3.55，標準差 0.55）；所以上網頻率低的虛擬社群之網站思考體驗要低於上網頻率高的。

表 4-3-34　上網頻率與網路書店虛擬社群網站思考體驗之
Scheffe 檢定

	幾個禮拜一次	一個禮拜一次	二、三天一次	每天	Scheffe 檢定顯著性
思考體驗	平均數				幾個禮拜一次組與二、三天一次組（0.005***）幾個禮拜一次組與每天組（0.036**）
	2.99	3.53	3.71	3.55	
	標準差				
	0.34	0.58	0.51	0.55	

顯著水準 u =0.05；^^^表 P 值<0.001，**表 P 值<0.05

4.3.29 上網頻率與網路書店虛擬社群網站行動體驗之變異數分析

網站行動體驗在上網頻率間的差異，採用單因子變異數分析後，檢驗結果如表 4-3-35，發現網站行動體驗在上網頻率間沒有顯著差異（顯著性為 P=0.490，大於 0.05 的顯著水準），因此接受虛無假設，得知上網頻率與網路書店虛擬社群網站行動體驗間無顯著差異。

表 4-3-35　上網頻率與網路書店虛擬社群網站行動體驗之變異數分析

		平方和	自由度	平均平方和	F檢定	P值
行動體驗	組間	54.995	3	18.332	0.808	0.490
	組內	13064.128	576	22.681		
	總和	13119.122	579			

顯著水準 α =0.05；***表 P 值<0.001，**表 P 值<0.05

4.3.30 上網頻率與網路書店虛擬社群網站關聯體驗之變異數分析

網站關聯體驗在上網頻率間的差異，採用單因子變異數分析後，檢驗結果如表 4-3-36，發現網站關聯體驗在上網頻率間有顯著差異（顯著性為 P=0.020，小於 0.05 的顯著水準），因此拒絕虛無假設，得知上網頻率與網路書店虛擬社群網站關聯體驗間有顯著差異。

表 4-3-36　上網頻率與網路書店虛擬社群網站關聯體驗之
變異數分析

		平方和	自由度	平均平方和	F檢定	P值
關聯體驗	組間	269.915	3	89.972	3.320	0.020**
	組內	15608.173	576	27.098		
	總和	15878.088	579			

顯著水準 α =0.05；***表 P 值<0.001，**表 P 值<0.05

　　為瞭解是何種上網頻率間對網站關聯體驗產生差異，於是進一步採用 Scheffe 多重檢定法加以檢定，從表 4-3-37 可看出不同上網頻率在網站關聯體驗因素構面的平均數，並以兩兩比較的方式進行檢定，最後列出檢定顯著者，但最後檢驗結果顯示並無任兩組間達到顯著差異。

表 4-3-37　上網頻率與網路書店虛擬社群網站關聯體驗之
Scheffe 檢定

	幾個禮拜一次	一個禮拜一次	二、三天一次	每天	Scheffe 檢定顯著性
關聯體驗	平均數				未檢驗出個別差異
	3.06	3.53	3.55	3.37	
	標準差				
	0.71	0.58	0.56	0.58	

顯著水準 α =0.05；***表 P 值<0.001，**表 P 值<0.05

4.3.31 每次平均上網時間與網路書店虛擬社群網站感官體驗之變異數分析

　　網站感官體驗在每次平均上網時間間的差異，採用單因子變異數分析後，檢驗結果如表 4-3-38，發現網站感官體驗在每次平均上網時間間沒有顯著差異(顯著性為 P=0.628，大於 0.05 的顯著水準)，因此接受虛無假設，得知每次平均上網時間與網路書店虛擬社群網站感官體驗間無顯著差異。

表 4-3-38　　每次平均上網時間與網路書店虛擬社群網站感官體驗之變異數分析

		平方和	自由度	平均平方和	F檢定	P值
感官體驗	組間	23.147	3	7.716	0.581	0.628
	組內	7651.301	576	13.284		
	總和	7674.448	579			

顯著水準 α =0.05；***表 P 值<0.001，**表 P 值<0.05

4.3.32 每次平均上網時間與網路書店虛擬社群網站情感體驗之變異數分析

　　網站情感體驗在每次平均上網時間間的差異，採用單因子變異數分析後，檢驗結果如表 4-3-39，發現網站情感體驗在每次平均上網時間間沒有顯著差異(顯著性為 P=0.084，大於 0.05 的顯著水準)，因此接受虛無假設，得知每次平均上網時間與網路書店虛擬社群網站情感體驗間無顯著差異。

表 4-3-39　每次平均上網時間與網路書店虛擬社群網站情
感體驗之變異數分析

		平方和	自由度	平均平方和	F檢定	P值
情感體驗	組間	107.702	3	35.901	2.231	0.084
	組內	9267.533	576	16.089		
	總和	9375.234	579			

顯著水準 α =0.05；***表 P 值<0.001，**表 P 值<0.05

4.3.33 每次平均上網時間與網路書店虛擬社群網站思考體驗之變異數分析

網站思考體驗在每次平均上網時間間的差異，採用單因子變異數分析後，檢驗結果如表 4-3-40，發現網站思考體驗在每次平均上網時間間沒有顯著差異(顯著性為 P=0.104，大於 0.05 的顯著水準)，因此接受虛無假設，得知每次平均上網時間與網路書店虛擬社群網站思考體驗間無顯著差異。

表 4-3-40　每次平均上網時間與網路書店虛擬社群網站思
考體驗之變異數分析

		平方和	自由度	平均平方和	F檢定	P值
思考體驗	組間	118.843	3	39.614	2.066	0.104
	組內	11046.142	576	19.177		
	總和	11164.984	579			

顯著水準 α =0.05；***表 P 值<0.001，**表 P 值<0.05

4.3.34 每次平均上網時間與網路書店虛擬社群網站行動體驗之變異數分析

網站行動體驗在每次平均上網時間間的差異，採用單因子變異數分析後，檢驗結果如表 4-3-41，發現網站行動體驗在每次平均上網時間間沒有顯著差異（顯著性為 P=0.088，大於 0.05 的顯著水準），因此接受虛無假設，得知每次平均上網時間與網路書店虛擬社群網站行動體驗間無顯著差異。

表 4-3-41 每次平均上網時間與網路書店虛擬社群網站行動體驗之變異數分析

		平方和	自由度	平均平方和	F檢定	P值
行動體驗	組間	147.923	3	49.308	2.190	0.088
	組內	12971.199	576	22.519		
	總和	13119.122	579			

顯著水準 α =0.05；***表 P 值<0.001，**表 P 值<0.05

4.3.35 每次平均上網時間與網路書店虛擬社群網站關聯體驗之變異數分析

網站關聯體驗在每次平均上網時間間的差異，採用單因子變異數分析後，檢驗結果如表 4-3-42，發現網站關聯體驗在每次平均上網時間間有顯著差異（顯著性為 P=0.000，小於 0.05 的顯著水準），因此拒絕虛無假設，得知每次平均上網時間與網路書店虛擬社群網站關聯體驗間有顯著差異。

表 4-3-42　每次平均上網時間與網路書店虛擬社群網站關
聯體驗之變異數分析

關聯體驗		平方和	自由度	平均平方和	F檢定	P值
	組間	600.080	3	200.027	7.541	0.000***
	組內	15278.008	576	26.524		
	總和	15878.088	579			

顯著水準 α =0.05；***表 P 值<0.001，**表 P 值<0.05

　　為瞭解是何種平均上網時間間對網站關聯體驗產生差
異，於是進一步採用 Scheffe 多重檢定法加以檢定，從表 4-3-43
可看出不同平均上網時間在網站關聯體驗因素構面的平均
數，並以兩兩比較的方式進行檢定，最後列出檢定顯著者，檢
驗結果顯示：僅有 61~120 分鐘組與 181 分鐘以上組（顯著性
為 P=0.000，小於 0.05 的顯著水準）達到顯著差異。而若以平
均數來看，可得知 61~120 分鐘組（平均數 3.50，標準差 0.58）
的網站關聯體驗要高於其他各組。

表 4-3-43　每次平均上網時間與網路書店虛擬社群網站關
聯體驗之 Scheffe 檢定

	60 分鐘以下	61~120 分鐘	121~180 分鐘	181 分鐘以上	Scheffe 檢定顯著性
關聯體驗	平均數				61~120 分鐘組與 181 分鐘以上組（0.000***）
	3.39	3.50	3.43	3.23	
	標準差				
	0.50	0.58	0.58	0.61	

顯著水準 α =0.05；***表 P 值<0.001，**表 P 值<0.05

4.3.36 連線速度與網路書店虛擬社群網站感官體驗之均數差分析

網站感官體驗在連線速度間的差異，採用獨立樣本 t 檢定的檢驗結果如表 4-3-44，發現寬頻網路與窄頻網路在網站感官體驗上沒有顯著差異（顯著性為 P=0.362，大於 0.05 的顯著水準），因而接受虛無假設，得知連線速度與網路書店虛擬社群網站感官體驗間無顯著差異。

表 4-3-44　連線速度與網路書店虛擬社群網站感官體驗之 T 檢定

	平均數		標準差		F檢定	T值	自由度	P值
感官體驗	寬頻網路	窄頻網路	寬頻網路	窄頻網路	3.476	-0.913	578	0.362
	3.56	3.61	0.53	0.44				

顯著水準 α =0.05；***表 P 值<0.001，**表 P 值<0.05

4.3.37 連線速度與網路書店虛擬社群網站情感體驗之均數差分析

網站情感體驗在連線速度間的差異，採用獨立樣本 t 檢定的檢驗結果如表 4-3-45，發現寬頻網路與窄頻網路在網站情感體驗上沒有顯著差異（顯著性為 P=0.323，大於 0.05 的顯著水準），因而接受虛無假設，得知連線速度與網路書店虛擬社群網站情感體驗間無顯著差異。

表4-3-45　連線速度與網路書店虛擬社群網站情感體驗之T
檢定

	平均數		標準差		F檢定	T值	自由度	P值
情感體驗	寬頻網路	窄頻網路	寬頻網路	窄頻網路	0.600	-0.989	578	0.323
	3.12	3.19	0.68	0.64				

顯著水準 α =0.05；***表 P 值<0.001，**表 P 值<0.05

4.3.38 連線速度與網路書店虛擬社群網站思考體驗之均數差分析

網站思考體驗在連線速度間的差異，採用獨立樣本 t 檢定的檢驗結果如表 4-3-46，發現寬頻網路與窄頻網路在網站思考體驗上沒有顯著差異（顯著性為 P=0.170，大於 0.05 的顯著水準），因而接受虛無假設，得知連線速度與網路書店虛擬社群網站思考體驗間無顯著差異。

表4-3-46　連線速度與網路書店虛擬社群網站思考體驗之T
檢定

	平均數		標準差		F檢定	T值	自由度	P值
思考體驗	寬頻網路	窄頻網路	寬頻網路	窄頻網路	1.187	-1.373	578	0.170
	3.55	3.64	0.56	0.50				

顯著水準 α =0.05；***表 P 值<0.001，**表 P 值<0.05

4.3.39 連線速度與網路書店虛擬社群網站行動體驗之均數差分析

　　網站行動體驗在連線速度間的差異，採用獨立樣本 t 檢定的檢驗結果如表 4-3-47，發現寬頻網路與窄頻網路在網站行動體驗上沒有顯著差異（顯著性為 P=0.262，大於 0.05 的顯著水準），因而接受虛無假設，得知連線速度與網路書店虛擬社群網站行動體驗間無顯著差異。

表 4-3-47　　連線速度與網路書店虛擬社群網站行動體驗之 T 檢定

	平均數		標準差		F檢定	T值	自由度	P值
行動體驗	寬頻網路	窄頻網路	寬頻網路	窄頻網路	0.010	1.122	578	0.262
	3.72	3.65	0.53	0.55				

顯著水準 α =0.05；***表 P 值<0.001，**表 P 值<0.05

4.3.40 連線速度與網路書店虛擬社群網站關聯體驗之均數差分析

　　網站關聯體驗在連線速度間的差異，採用獨立樣本 t 檢定的檢驗結果如表 4-3-48，發現寬頻網路與窄頻網路在網站關聯體驗上沒有顯著差異（顯著性為 P=0.331，大於 0.05 的顯著水準），因而接受虛無假設，得知連線速度與網路書店虛擬社群網站關聯體驗間無顯著差異。

表4-3-48　連線速度與網路書店虛擬社群網站關聯體驗之T
檢定

關聯體驗	平均數		標準差		F檢定	T值	自由度	P值
	寬頻網路	窄頻網路	寬頻網路	窄頻網路	2.097	-0.973	578	0.331
	3.38	3.45	0.59	0.52				

顯著水準 α =0.05；***表 P 值<0.001，**表 P 值<0.05

第五章　結論與建議

本章分為兩小節，第一節為結論，共有四項：第一項以敘述統計闡明網路書店虛擬社群之人口特徵及網路使用型態，第二至第四項則分別就本論文的研究假設及目的提出結論；第二節為建議，首先針對網路書店經營者提出虛擬社群之行銷策略建議：1.加強網站資訊品質；2.重視服務品質；3.重視讀者需求，提供會員專屬個人化服務；4.分眾社群行銷；5.結合虛擬與實體；6.塑造網站品牌。另外針對後續研究者提出可進行的相關研究主題方向。

5.1　結論

5.1.1 網路書店虛擬社群的人口特徵及網路使用型態

網路書店虛擬社群之性別比例接近平均，但女性略高於男性，佔 56%；年齡層大多分布於 20~29 歲的年輕網路族群，約佔 73.3%；教育程度高，專科以上學歷的即佔 93.5%；職業則大多來自教育學術界（學生、教師、研究人員等）及出版、傳播等相關行業，兩者共佔 59.8%；又調查樣本中學生族群及社會新鮮人佔大多數，平均月收入普遍不高，約在 40,000 元以下，佔 83.1%。

近兩年在政府大力推動寬頻上網以及提供寬頻連線服務的業者強力促銷之下，我國寬頻上網率居世界第三，寬頻網路使用者比例已超越窄頻網路使用者，寬頻上網者已大幅成長並

躍居主流地位；而網路書店虛擬社群中有高達 82.9%的人是每天都會使用網路且平均每次上網時間在 61 分鐘以上（佔 81.4%）；而隨著寬頻網路建設的普及，使用寬頻上網者亦高達 85.2%。

5.1.2 網路人口特質對網路書店虛擬社群網站體驗之影響

網路人口特質對網路書店虛擬社群網站體驗之影響如下：

1. **網路書店虛擬社群之網站思考及關聯體驗女性高於男性**

   網路書店虛擬社群網站思考及關聯體驗在性別間有顯著差異，其中女性在網站思考及關聯體驗兩方面均高於男性。網站書店經營者在針對女性網友的網站思考體驗方面，應著重於「資訊內容層面」，除了書籍分類方式需專業外，更應加強相關內容的豐富性及流通的快速性等，並透過多元趣味的網站設計，引發網友的創意思考，以增強女性虛擬社群成員之網站思考體驗。

2. **網路書店虛擬社群之網站感官、情感及關聯體驗會受教育程度高低的影響**

   教育程度在網路書店虛擬社群網站感官、情感及關聯體驗間均有顯著差異，其中教育程度在國（初）中或以下者的網站感官體驗要高於其他各組。因此，針對教育程度較低者，在網站設計上需提供較多的感官刺激；教育程度在國（初）中或以下的網站情感體驗亦

高於其他各組，教育程度較低者，喜愛藉由網路上的情感交流，得到實體生活中得不到的滿足感，因而較注重網站的情感體驗因素，所以網路書店經營者應針對教育程度較低者，關心他們的需求及喜好，加強其與該網站之情感交流；而在關聯體驗方面，亦會受到教育程度高低的影響。

3. **網路書店虛擬社群之網站感官、情感、思考及關聯體驗會受網路使用型態的影響**

網路書店虛擬社群之上網頻率與網站感官、情感、思考及關聯體驗均產生顯著差異，經 Scheffe 事後比較後，雖看不出任兩組間進一步的關係，但其中上網頻率低的虛擬社群成員，其對網站感官、情感、思考及關聯體驗相對也較低，所以上網頻率會影響網路書店虛擬社群之網站感官、情感、思考及關聯體驗；而網路書店虛擬社群的每次平均上網時間與其網站關聯體驗亦有顯著差異，而其中每次平均上網時間在61~120 分鐘者，其網站關聯體驗要高於其他各組，由此可知，網路書店虛擬社群之網路使用型態會影響其網站感官、情感、思考及關聯體驗，網路書店經營者應針對上網頻率較高及平均每次上網時間相對較長的虛擬社群成員，加強其對該網站的感官、情感、思考及關聯體驗。

5.2　建議

5.2.1 給網路書店經營者的建議

1. **加強網站資訊品質**

   網路書店讀者在感官體驗方面，最重視的為網路書店
   的整體導覽架構需清楚明瞭，網頁呈現方式需分類清
   楚、簡單易用，在頁面設計上則應注意畫面一致性、
   色彩運用、圖文配置等元素；而在思考體驗方面，讀
   者則特別重視書籍的分類方式及網站內容的豐富
   性，因此除了要加強關鍵字搜尋功能，使讀者能迅速
   找到所需書籍外，更要時時更新圖書相關資訊，提供
   充分的書籍資訊介紹，豐富網站內容。另外，當資訊
   內容達到一定水準後，即可針對讀者的不同需求，發
   行不同主題網路電子報，提升資訊附加價值，並可維
   繫讀者與網路書店之關係。

2. **重視服務品質**

   網路書店虛擬社群在網站情感體驗方面，最重視的因
   素為網路書店的「售後服務」，藉由良好的網站服務，
   可讓讀者獲得受尊重的感覺，因此，網路書店經營者
   除了加強本身產品品質外，更應重視服務品質的提
   升；在硬體方面，應提升網站連線速度，加強物流速
   度及增加運銷通路，如提供讀者下單後到便利商店取
   書再付款，以解決現階段讀者普遍對網站交易安全的
   疑慮，退換書服務若也採用「逆物流」的方式，讓讀

者能直接在特約的書店或便利商店直接退換書，省去寄還的時間及費用，將更能提高讀者對網路書店的忠誠度；在軟體方面，應特別重視對讀者的承諾，讀者下單後，缺書及到貨均應寄發 E-mail 或手機簡訊通知，並在網站首頁載明各項聯絡方式，於第一時間回應讀者疑問。良好的服務是企業經營的基本要件，網路書店經營者應特別重視其服務品質，以增加網站經營效率。

3. **重視讀者需求，提供會員專屬個人化服務**

每一位上網的讀者都是潛在的消費者，網路書店經營者應蒐集消費者的購物偏好、流程與習慣，並建立顧客資料庫加以妥善的管理及分析，站在使用者角度設計網站內容、介面及使用流程，就像 Amazon 為了簡化消費者購書流程，讀者上站後，只需 One Click 便能進入購物流程。而本研究結果進一步顯示，讀者為了獲取「個人化服務」，以及讓網站更瞭解其「個人需求」，願意透過網站的「會員註冊機制」註冊為會員；所謂個人化未必是完全量身訂做，而是以預先設計好的模組，根據顧客的喜好，重新排列組合，網路書店經營者可利用資料挖掘（Data Mining）技術，推測會員需求，增加交叉銷售機會，提供專屬服務（如推薦書單、個人化書店等），最終目的乃創造顧客終身價值，亦是網路書店未來的決勝關鍵。

4. 分眾社群行銷

網路媒體的本質為分眾媒體，所以在網站行銷上，若
能針對不同的族群制定行銷策略，設計網站內容，將
更能提高讀者的網路使用價值及網站經營效率，一般
的社群網站通常都有其特定主題及目標族群，而網路
書店的虛擬社群成員大部分都是來自教育學術或出
版傳播界的高知識份子，因此網路書店經營者應先找
出適當議題作為社群主題，如知名作家、特定書種或
暢銷書籍等，吸引網友自由討論，充實網站內容，自
然而然凝聚網站人氣，這些網路閱讀社群不但能替網
站創造高流量，增加廣告收入，更刺激了相關書種的
銷售量，達到主要營業額的增加。另外，女性上網及
購物比例逐年增加，在網際網路消費群中的地位已不
容忽視，應是網路書店未來經營時應特別重視的族
群，在網站設計及互動功能上可採取柔性訴求，以提
高女性讀者的忠誠度。

5. 結合虛擬與實體

虛擬社群雖從「虛擬」世界中形成，網路書店也存在
於「虛擬網路」之中，但其所販賣的書籍，目前仍以
實體書為主，電子書的比例則相對偏低。目前大部分
的使用者不在線上購物的原因是因為「不能接觸實際
商品」，而在網站行動體驗方面，網路書店虛擬社群
最重視的因素為網路書店的「書摘內容試閱功能」，
網路書店販賣多為實體書籍，雖無法提供實際的試用
功能，但可透過書摘試閱功能達到「線上虛擬試用」

的效果，讓讀者不用翻實體書，也能輕易了解書籍內
容，更可透過資訊科技之應用，加強動態效果，使讀
者更能接近視覺上的「真實」；在物流方面，亦可透
過策略聯盟方式，與實體書店合作，除了能讓讀者快
速取書或退換書外，也可在店頭舉辦座談會、簽名會
等若在虛擬世界中舉行效果較差的活動，增加邊際效
益；最後，可針對特定主題閱讀社群舉辦實體的聚
會，讓網友能面對面的接觸，增加情感方面的體驗，
如此更能提升虛擬社群對網路書店的忠誠度。

6. **塑造網站品牌**

網站品牌對於消費者的網路購物喜好與意願皆有影
響，因此網路書店經營者應加強網站品牌的經營。在
網路書店感官體驗方面，讀者對「網站的品牌區別」
因素相當重視，所以網路書店在塑造品牌的過程中，
首先必須取個響亮好記的品牌名稱，待知名度建立
後，不但容易吸引潛在讀者的加入，也可增加現有讀
者的信賴感，降低疑慮。若有了獨特的網站品牌地
位，亦可增加社群認同感，把握目標客戶，建立口碑。
另外，若加入專家推薦資訊也對讀者的關聯體驗有正
面影響。因此，網路書店經營者應著重於塑造特有品
牌，增加品牌知名度及提升文化價值，讓讀者產生認
同感及歸屬感等網站關聯體驗，提高其對網路書店的
忠誠度，取得長期利基點。

5.2.2 後續研究建議

1. **針對不同網路書店類型之虛擬社群為研究對象**

   本研究在研究設計上，是針對具代表性的樣本，進行問卷調查，要求受測者自行選擇一家網路書店作為評量對象，但因為每位受測者心中所認定的網路書店都不同，會使得調查結果產生誤差。未來若能針對不同類型的網路書店之虛擬社群為研究對象進行調查，應能獲得更精確之研究結果。

2. **以網路書店不同主題閱讀社群為研究對象**

   目前各大網路書店均出現不同的主題閱讀社群，隨著規模的增長，形成自己獨特的文化、組織，並對該社群具有高忠誠度，進一步成為圖書俱樂部的「準客戶」，未來可針對其作為研究對象，以量化方式調查其對網站體驗的重視程度，輔以質化深度訪談，將更有助於網路書店經營者了解目標顧客之人口特質及網路使用行為，即可針對不同社群來鎖定目標市場，提供滿足讀者需求的服務。

3. **可採實驗法測試不同策略體驗模組組合對使用者的影響**

   未來可依本次研究所得各項體驗因素排名數據，製作不同策略體驗模組組合之網路書店頁面，並針對網路書店使用者為研究對象，以實驗法測試各種不同體驗組合對研究對象之影響，可進一步提出不同網站體驗之行銷策略方案。

參考文獻

中文部分

書籍

1. 李天任、藍莘（1995）譯，大眾媒體研究，台北：亞太圖書出版社，Dominick, J. R. , & R. D. Wimmer，p.79。
2. 吳明隆（2000），SPSS 統計應用實務，台北：松崗出版社。
3. 邱皓政（2000），量化研究與統計分析：SPSS 中文視窗版資料分析範例解析，台北：五南。
4. 潘明宏、陳志瑋（2000）譯，社會科學研究方法（下），台北：韋伯文化事業，Nachmias, C. F. & D. Nachmias，pp.585-588。

期刊

1. 艾立民（2000），知識穩妥地推進我國讀書俱樂部的建立與發展，出版發行研究，2000 年第三期，pp.49-51。
2. 行政院文化建設委員會（1999），1998 台灣圖書市場研究報告，行政院文化建設委員會。
3. 行政院文化建設委員會（2001），2000 年台灣地區圖書雜誌出版市場調查報告，行政院文化建設委員會。
4. 社區發展季刊（1995），從社區發展的觀點，看社區、社區意識與社區文化，社區發展季刊，第 69 期，pp.1-4。
5. 邱天助（1997），讀者學研究淺談，出版界，第 52 期，1997 年 12 月，pp.22-23。

學位論文

1. 王鈿（2000），從虛擬社群觀點探討女性網站之經營模式
——以 i-Village 為例，國立臺灣大學商學研究所碩士論文。

2. 王孟邦（2001），虛擬社群管理、社群績效、與獲利模式關
係之探討，國立中山大學企業管理研究所碩士論文。

3. 石恩綸（2000），女性網路使用者的網站印象與網路使用行
為，國立台北大學企業管理研究所碩士論文。

4. 江姿慧（2000），使用者參與虛擬社群之行為研究，國立台
灣科技大學資訊管理研究所碩士論文。

5. 江敏霞（2001），餐飲業網站設計品質與網站成功之相關研
究，中國文化大學生活應用科學研究所碩士論文。

6. 何茂華（2001），虛擬社群之顧客關係管理研究初探，高雄
第一科技大學行銷與流通管理研究所碩士論文。

7. 吳雅琪（2002）影響網路書店消費者忠誠度形成因素之研
究，國立政治大學國際貿易研究所碩士論文。

8. 李慕華（1992），組織忠誠的內涵意義、影響因素與行為結
果之探討--以台灣中小企業為例，輔仁大學應用心理學研究
所碩士論文。

9. 李郁菁（2000），影響虛擬社群成員忠誠度產生之因素探討，
國立中山大學資訊管理研究所碩士論文。

10. 李明仁（2001），虛擬社群與網友忠誠度之研究，國立台灣
科技大學資訊管理研究所碩士論文。

11. 李逸菁（2001），銘傳大學學生虛擬社群網站使用者之滿意
度研究，銘傳大學管理科學研究所碩士論文。

12. 李育霖（2002），<u>國內入口網站品牌經營與品牌定位之研究</u>，長庚大學企業管理研究所碩士論文。

13. 杜炳麟（2002），<u>網路購物之信任模式與顧客忠誠度</u>，元智大學管理研究所碩士論文。

14. 周信宏（1998），<u>WWW 問卷與郵寄問卷績效比較之研究-以台灣地區產業實施電子商務之研究為例</u>，國立成功大學工業管理研究所碩士論文。

15. 林世昌（2000），<u>網際網路電子商店經營之研究從降低成本交易與提高顧客忠誠觀點探討之</u>，國立政治大學企業管理研究所碩士論文。

16. 林佩儀（2000），<u>網站設計與使用者滿意度之關聯</u>，國立政治大學資訊管理研究所碩士論文。

17. 林姿妙（2001），<u>兒童學習網站品質評鑑準則之發展研究</u>，國立臺南師範學院國民教育研究所碩士論文。

18. 林致立（2001），<u>虛擬社群的商業性應用：本質、分類、與關鍵議題</u>，東吳大學企業管理研究所碩士論文。

19. 林祐鳳（2002），<u>國內拍賣網站之顧客忠誠度研究</u>，國立台灣科技大學企業管理研究所碩士論文。

20. 洪世揚（2001），<u>理財網站線上服務服務品質之研究－以理財內容網站為例</u>，國立台灣科技大學企業管理研究所碩士論文。

21. 胡嘉彬（2002），<u>線上遊戲之顧客忠誠度行為</u>，國立清華大學科技管理研究所碩士論文。

22. 孫美君（2000），<u>影響網站忠誠度之因素研究—以購物型網站為例</u>，中原大學資訊管理學研究所碩士論文。

23. 梁維國（2000），<u>網路電子新聞報導之可性度研究</u>，銘傳大

學資訊管理研究所碩士論文。

24. 陳郁茹（2001），<u>藉由建立消費者網路購物之信任模式以提升顧客忠誠度</u>，淡江大學資訊管理研究所碩士論文。

25. 陳貴英（2001），<u>網路零售業顧客忠誠度之研究</u>，朝陽科技大學企業管理研究所碩士論文。

26. 陳俊良（2002），<u>線上遊戲顧客忠誠度之研究</u>，國立台灣科技大學企業管理研究所碩士論文。

27. 陶振超（1996），<u>台灣地區全球資訊網（WWW）使用者調查</u>，國立交通大學傳播研究所碩士論文。

28. 黃美文（1998），<u>在電子商務環境下進行網路購物意願之研究：以購買涉入、參考群體與消費者特性探討</u>，國立屏東科技大學資訊管理研究所碩士論文。

29. 楊聖慧（2000），<u>以體驗行銷之觀點探討網站之虛擬社群經營模式</u>，銘傳大學管理科學研究所碩士論文。

30. 廖元禛（1999），<u>虛擬社群創新採用行為及其相關因素研究</u>，國立政治大學企業管理研究所碩士論文。

31. 劉智華（2001），<u>網站體驗與上站忠誠度之關係研究－以資訊提供型網站為例</u>，中原大學資訊管理研究所碩士論文。

32. 劉沐雅（2002），<u>網路書店購書意願影響因素之研究</u>，國立中山大學企業管理研究所碩士論文。

33. 鄭璁華（2000），<u>網路購物消費者滿意度之研究──以台灣網路書店為例</u>，國立中山大學企業管理研究所碩士論文。

34. 蘇芬媛（1996），<u>Exploring Virtual Community in Computer Networks──A study of MUD</u>，國立交通大學傳播研究所碩士論文。

網站

1. 胡軍慶（2002.7.30），舉國之力抵抗貝塔斯曼？，<u>中國財經時報</u>，
   http://www.homeway.com.cn/lbi-html/news/special/cjzt/tjcjmt/cjsbxyt/XWZS363644.shtml
2. 資策會網際網路調查中心，http://www.find.org.tw
3. 蕃薯藤「2001年台灣網路使用調查」，
   http://survey.yam.com/survey2001/result.html

英文部分

書籍

1. Abbott, L.（1995），<u>Quality and Competition</u>, NY: lumbia University Press.
2. Afuah, A. , L. Christopher & Tucci(2001), <u>Internet Business Models and Strategies: Text and Cases</u>, McGraw-Hill.
3. Bhote & R. Keki（1996）, <u>Beyond Customer Satisfaction to Customer Loyalty-The Key to Greater Profitability</u>, NY: American Management Association, p.31.
4. Bressler, S. E. & C. E. Grantham（2000），<u>Communities of Commerce: Building Internet Business Communities to Accelerate Growth, Minimize Risk, and Increase Customer Loyalty</u> , NY: McGraw-Hill.

5.   Day, G. S.（1969）,A Two-Dimensional Concept of Brand Loyalty, NY:Working paper.

6.   Figallo, C.（1998）, Hosting Web Communities: Building Relationships, Increasing Customer Loyalty, and Maintaining a Competitive Edge, John Wiley & Sons.

7.   Griffin, J.（1995）, Customer Loyalty : How to Earn It , How to Keep It, Simmon and Schuster Inc.

8.   Hagel, J. & A. G. Armstrong（1997）, Net Gain: Expanding Markets Through Virtual Communities, Harvard Business School Press.

9.   Hanson（2000）, Internet Marketing, Standford University Press.

10.   Heskett, J. L. , W. E. Sasser & C.W. Hart （1989）, Service Breakthrough, NY: The Free Press.

11.   Jacoby, J. & R.W. Chestnut （1978） , Brand Loyalty Measurement and Management, NY: John Wiley.

12.   Kolter, P.（2000）, Marketing Management, Prentice Hall International Inc.

13.   Kuhl, J. & J. Beckmann（1985）, Historical Perspectives in the Study of Action Control, In Action Control: From Cognition to Behavior, Berlin: Springer-verlag, pp.89-100.

14.   Lipstein, B.（1959）, The dynamics of brand loyalty and brand switching, NY: Proceedings of the Fifth Annual Conference of the Advertising Research Foundation.

15.   Massy, W. F., D. B. Montgomery & D. G. Morrison,（1970）,

Stochastic models of buyer behavior, Cambridge: MIT Press.

16. Todd McCauley（2005）, The user engagement study《Media Management Center》June,2005

17. Medialive international （2004）, Working with a trade show producer to create a successful experiential marketing program 《A Medialive international white paper》

18. Mercer, B.（1956）, The American community, NY: Random House.

19. Mole, C. , M. Mclcahy, K. O`Donnell & A. Gupta（1999）, Making Real Sense of Vitual Communities, Pricewaterhousecoopers.

20. Nunnally, J. C. （1978）, Psychmetric Theory, NY: McGraw-Hill.

21. Okonkwo, Uche（2005）,Can the luxury fashion brand store atmosphere be transferred to the Internet? April,2005

22. Oliver, R. L.（1997）, Satisfaction: A Behavioral Perspective on the Consumer, NY: Mcgraw-Hill.

23. Peppers, D. & M. Rogers（1991）, The One to One Future: Building Relationships One Customer at A Time, Currency/Doubleday.

24. Pine, B. J. & J. H. Gilmore(1999), The Experience Economy, Harvard Business School Press. .

25. Rheingold, H.（1993）, The Virtual Community: Homesteading on the Electronic Frontier, NY: Addison-Wesley.

26. Roberts, T. L. （1998）, <u>Are Newsgroups Virtual Communities?</u>, Proceedings of Computer-Human Interaction, pp.360-367.

27. Schmitt, B. H.（1999）, <u>Experiential Marketing: How to Get Customers to Sense, Feel, Think, Act, and Relate to Your Company and Brands</u>, NY: Free Press.

28. Schmitt , B H. （2003）,<u>Customer Experience Management: A Revolutionary Approach to Connecting with Your Customers</u> Wiley; 1 edition pp.17-22

29. Seybold, P. B.（1998）, <u>Customers.com: How to Create a Profitable Business Strategy for the Internet and Beyond</u>, Patricia Seybold Inc.

30. Shapiro, C. & H. R. Varian（1998）, <u>Information Rules: A Strategic Guide to The Network Economy</u>, Boston: Harvard Business School Press.

31. Shore & Cris（1994）, <u>Community in William Outhwaite and Tom Bottomre, The   Blackwell Dictionary of 21th Century Social Thought</u>, Massachusett: Basil   Blackwell.

32. Sindell, K.（2000）, <u>Loyalty Marketing for the Internet Age: How to Identify, Attract, Serve, and Retain Customers in an E-Commerce Environment</u>, Dearborn a Kaplan Professional Company.

33. Smith, J.（1999）, <u>The Travel Industry</u>, NY: Van Nor strand Reinheld.

34. Tapscott, D., A. Lowy & D. Ticoll（1998）,   <u>Blueprint to the</u>

Digital Economy: creating wealth in the era of E-business, McGraw-Hill.

35. Taylor, M. （1987）, The Possibility of Cooperation, Cambridge: Cambridge University Press.

36. Turkle & Sherry（1997）, Life on Screen: Identify in The Age of the Internet, Touchstone.

37. Webster （1986）, Webster's Third New International Dictionary, Springfield, Mass: Merriam-Webster.

期刊

1. Adler, P. A. & P. Adler （1988）, Intense loyalty in organizations: A case study of college athletics, Administrative Science Quarterly, Vol.33, pp.401-417.

2. Barnatt, C. （1998）, Virtual communities and financial services - on-line business potentials and strategic choice, International Journal of Banking Marketing, 1998, pp. 161-169.

3. Bassi, F & L. Parpagiola （2005）,Experience goods and customer satisfaction measurement 《Working paper series》 Vol.5 pp.1-9 March,2005, University of Padua ,Italy.

4. Baym, N. K. （1994）, The emergence of community, Cybersociety: Computer-mediated communication and community, Professional development Computer and Education, Vol. 24, No. 3, pp.247-255.

5. Bigham, Liz （2005）, Experiential Marketing –A survey of

consumer response　Vol.3 May, 2005 Jack Morton
Worldwide

6.　Bowen, J. T. & S. Shoemarker（1998）, Loyalty: A strategic
commitment, Cornell Hotel and Restaurant Administration
Quarterly, Feb 1998, pp.12-25.

7.　Brenner, E.(1999), Second International Conference on VCs,
Information Today, Vol. 16, No. 6, pp.20-21.

8.　Brown, G. H. （ 1952 ） , Brand loyalty-fact or fiction?,
Advertising Age, Vol.23, pp.53-55.

9.　Charlton, P. & A. S. Enrenberg（1976）, An experiment in
brand choice, Journal of Marketing Research, Vol.13, No.2,
pp.152-160.

10.　Cunningham, R. M.（1956）, Brand loyalty: What, where,
how much?, Harvard Business Review, Vol. 34, No.1,
pp.116-128.

11.　Dick, A. S. & K. Basu（1994）, Customer Loyalty: Toward
and Integrated Conceptual Framework, Journal of the
Academy of Marketing Science, Vol. 22, Iss. 2, pp.99-113.

12.　Dowling, G. R. & M. Uncles（1997）, Do customer loyalty
programs really work?,　Sloan Management Review, Vol.
38, No. 2, pp.71-82.

13.　Etzioni, A.（1998）, Should we end Social Security?: A
community approach, Challenge, Sep/Oct 1998, Vol. 41, Iss.
5, p.5

14.　Falk, J.（1998）, The meaning of the Web, Information

Society, Vol. 14, Iss. 4, pp.285-294.

15. Fornell, C. & Wernerfelt（1992a）, A Model of Customer Complaint Management, Marketing Science, Vol. 7, pp.287-298.

16. Fornell, C.（1992b）, A National Customer Satisfaction Barometer: The Swedish Experience, Journal of Marketing, Vol.55, pp.1-22.

17. Frederick & Hermann（1990）, A Question of Loyalty, Glamour, Vol. 88, Iss. 3, p.286.

18. Frederick, F. R. & W. E. Sasser（1996）, Zero Defections: Quality Comes to Services, Harvard Business Review, March-April 1996, pp57-69.

19. Frederick, F. R. & P. Schefter（2000）, E-Loyalty, Harvard Business Review,　July-August 2000, pp105-113.

20. Geller, L.（1997）, Customer Retention Begins with the Basics, Direct Marketing, Vol. 60, Iss. 5, pp.58-62.

21. Gronholdt L. , A. Martensen & K. Kristensen（2000）, The relationship between customer satisfaction and loyalty: Cross-industry differences, Total Quality Management, Vol.11, pp.509-516.

22. Guest, L. P.（1944）, A study of brand loyalty, Journal of Applied Psychology, Vol.28, pp.16-27.

23. Hall, D. T. , B. Schneider & H. T. Nygren（1970）, Personal factors in organization identification, Administrative Science Quarterly, Vol. 15, pp.176-189.

24. Heide, B. J. & M. A. Weiss（1995）, Vendor Consideration and Switching Behavior for Buyers in High-Technology Markets, Journal of Marketing, Vol. 59, pp.30-43.

25. Herbiniak, L. G. & J. A. Alluto（1972）, Personal and role-related factors in the development of organizational commitment, Administrative Science Quarterly, Vol. 17, p.556.

26. Hoffman, D. L. & T. P. Novak（1997）, A New Marketing Paradigm for Electronic Commerce, The Information Society, Vol. 13, pp.43-54.

27. Jacob & Rahul（1994）, Why some customers are more equal than others, Fortune, Vol. 130, Iss. 6, p.215.

28. Jacoby, J. & D. B. Kyner（1973）, Brand loyalty vs repeat purchasing behavior, Journal of Marketing Research, Vol. 10, pp.1-9.

29. Jeuland, A. P.（1979）, Brand choice inertia as one aspect of the notion of brand loyalty, Management Science, Vol. 25, No.7, pp.71-82.

30. Jones, T. O. & W. E. Sasser（1995）, Why Satisfied Customers Defect, Harvard Business Review, Vol.73, Nov.-Dec. 1995, pp.88-99.

31. Kalyanaram, G. & J. D. C. Little（1994）, An Empirical Analysis of Latitude of Price Acceptance in Consumer Package Goods, Journal of Consumer Research, Vol.21, Dec. 1994, pp.408-418.

32. Kannan & A. B. Whinston（1999）, Electronic Communities as Intermediaries: the Issues and Economics, <u>Proceedings of the 32nd Hawaii International Conference on System Sciences</u>, p.2.

33. Kanter, R. M.（1968）, Commitment and Social Organization: A Study of Commitment Mechanisms in Utopian Communities, <u>American Sociological Review</u>, Vol. 33, pp.499-517.

34. Keaveney, M. S.（1995）, Customer Switching Behavior in Service Industries: An Exploratory Study, <u>Journal of Marketing</u>, Vol. 59, Apr. 1995, pp.71-82.

35. Knox, D. Simon & T. J. Denison（2000）, Store Loyalty: Its Impact on Retail Revenue,An Empirical Study of Purchasing Behavior in the UK, <u>Journal of Retailing and Consumer Services</u>, Vol. 7, pp.33-45.

36. Koch, J. T. & R. M. Steers（1976）, Job Attachment, Satisfaction and Turnover Among Public Employees, <u>Journal of vocational behavior</u>, Vol. 12, pp.119-128.

37. Komito, L.（1998）, The net as a foraging society: Flexible communities, <u>The Information Society</u>, Vol. 14, pp.97-106.

38. Kotha, S.（1998）, Competing on the Internet: The Case of Amazon.com, <u>European Management Journal</u>, Vol. 16, No. 2, pp.212-222.

39. McLuhan, R.（2000）, Go live with a big brand experience, <u>Marketing</u>, Oct. 2000, pp. 45-46.

40.　Monroe, K. B. & J. P. Guiltinan（1975）, A Path-Analytic Exploration of Retail Patronage Influences, Journal of Consumer Research, Vol.2, pp.19-28.

41.　Morgan, M. S. & C. S. Dev（1994）, An Empirical Study of Brand Switching for a Retail Service, Journal of Retailing, Vol. 70, Fall 1994, pp.267-282.

42.　Muller, E.（1998）, Customer loyalty programs, Sloan Management Review, Vol. 39, No.4, pp.4-5.

43.　Neal, W. D.（1999）, Satisfaction is nice, but value drives loyalty, Marketing Research, Vol. 1, pp.21-23.

44.　Newman, J.W. & R.A. Werbel（1973）, Multivariate Analysis of Brand Loyalty for Major Household Appliances, Journal of Marketing Research, Vol. 10, pp.404-409.

45.　Oldenburg, R.（1993）, Big Companies Plug BigCauses for Big Gains, Business & Society Review, Vol. 83, pp.22-23.

46.　Oliva, T. A. , R. L. Oliver & I. C. MacMillan（1992）, A Catastrophe Model for Developing Service Satisfaction Strategics, Journal of Marketing, Vol. 56, Jul. 1992, pp.83-95.

47.　Oliver, R. L.（1980）, A Cognitive Model of the Antecedents and Consequences of Satisfaction Decision, Journal of Marketing Research, Vol. 17, pp.460-469.

48.　Oliver, R. L.（1999）, Whence Consumer Loyalty?, Journal of Marketing, Vol. 63, Special Issue 1999, pp.33-44.

49.　Owens, D. D.（2000）, The Experience Economy. Franchising World, Vol. 32, No. 1, p.11.

50. Porter, L. W. , R. M. Steers, R. T. Mowday & P. V. Boulian （1974）, Organization Commitment, Job Satisfaction and Turnover Among Psychiatric Technicians, Journal of Applied Psycholocy, Vol. 59, pp.603-609.

51. Prus, A. and D. R. Brandt （1995）, Understanding Your Customers, Marketing Tools, Jul.-Aug., pp.10-14.

52. Rayport, J. F. & J. J. Sviokla （1994）, Managing in the Marketspace, Harvard Business Review, Vol. 72, No.6, pp.141-150.

53. Reichheld, F. F. & W. E. Sasser （1990）, Zero defections: Quality comes to service, Harvard Business Review, Vol. 68, No. 5, pp.105-111.

54. Reynolds, H. S. （1974）, Increasing Trustees' Compensation To Meet Inflation and Accomplish Trust Purpose, Trusts & Estates, Vol. 113, Iss. 8, pp.494-503.

55. Romm, C., N. Pliskin & R. Clarke （1997）, Virtual communities and society: toward an integrative three phase model, International Journal of Information Management, Vol. 17, No. 4, pp.261-270.

56. Sambandam, R. & K. R. Lord（1995）, Switching Behavior in Sutomobile Markets: A Consideration-Sets Model, Journal of the Academy of Marketing Science, Vol. 23, Winter 1995, pp.57-65.

57. Schultz, D. E. & S. Bailey（2000）, Customer/brand loyalty in an interactive marketplace, Journal of Advertising Research,

Vol. 40, Iss. 3, pp.41-52.

58. Selnes, F.（1993）, An examination of the effect of product performance on brand reputation, satisfaction and loyalty, European Journal of Marketing, Vol. 27, No. 1 , pp.19-35.

59. Shaw, L. G. ,Gaines, R. Brain & L. J. Chen（1997）, Modeling the Human Factors of Scholarly Communities Supported through the internet and World Wide Web, Journal of the American Society for information Science, Vol. 48, No.11, pp.987-1003.

60. Sheldon, M. E.（1971）, Investments and involvements as mechanisms producing commitment to the organization, Administrative Science Quarterly, Vol. 16, pp.110-142.

61. Shuler, Laura（2000）, Experiential Marketing survey Vol.1 January,2004 Jack Morton Worldwide

62. Singh, J. & D. Sirdeshmukh（2000）, Agency and trust mechanisms in consumer satisfaction and loyalty judgments, Journal of the Academy of Marketing Science, Vol. 28, No. 1, pp.150-167.

63. Sirgy, M. J. & A. C. Samli（1985）, A Path Analytic Model of Store Loyalty Involving Self-Concept, Store Image, Geographic Loyalty, and Socioeconomic Status, Journal of the Academy of Marketing Science, Vol. 13, Summer 1985, pp.265-291.

64. Sirohi, N., E. W. McLaughlin & D. R. Wittink（1998）, A model of customer perceptions and store loyalty intentions

for a supermarket retailer, <u>Journal of Retailing</u>, Vol. 74, No. 2, pp.223-245.

65. Sivakumar, K. & S.P. Raj（1997）, Quality Tier Competition: How Price Change Influences Brand Choice and Category Choice, <u>Journal of Marketing</u>, Vol. 61, July 1997, pp.71-84.

66. Staw, B. M.（1977）, Commitment to a policy decision: A multitheoretical perspective, <u>Administrative Science Quarterly</u>, Vol. 23, pp.40-64.

67. Stum, D. L. & A. Thiry（1991）, Building Customer Loyalty, <u>Training and Development Journal</u>, Apr. 1991, pp.34-36.

68. Tellis, G. J.（1988）, Advertising Exposure, Loyalty, and Brand Purchase: A Two-State Model of Choice, <u>Journal of Marketing Research</u>, Vol. 25, pp.134-144.

69. Tucker, W. T.（1964）, The development of brand loyalty, <u>Journal of Marketing Research</u>, Vol. 1, pp.32-35.

70. Wellman & Barry（2001）, Does the Internet increase, decrease, or supplement social capital? Social networks, participation, and community commitment , <u>The American Behavioral Scientist</u>, Vol. 45, Iss. 3, p.436.

71. Williams, R. L. & J. Cothrel（2000）, Four smart ways to run online communities, <u>Sloan Management Review</u>, Vol. 41, Iss. 4, pp.81-91.

72. Zeitham, V. A. , L. L. Berry & A. Parasuraman（1996）, The Behavioral Consequences of Service Quality, <u>Journal of Marketing</u>, Vol. 60, Apr. 1996, pp.31-46.

網站

1. Adler R. P. & A. J. Christopher（1998）, Internet Community Primer Overview and Business Opportunities, http://www.digiplaces.com/pages/primer_00_toc.html

2. Fernback, J. & B. Thompson（1995）, Virtual Communities: Abort, Retry,Failure? Retrieved March 21,2002, http://www.well.com/user/hlr/texts/VCcivil.html

3. Gautier, Adele （2003）Think again—why experiential marketing is the next big thing

4. September,2003 pp.9-14 《Marketing magazine》 www.marketingmag.co.nz

5. Gillespie, A., M. Krishan, C. Oliver, K. Olsen & M. Thiel （1999）, Online Behavior Stickiness, http://ecommerce.Vanderbilt.edu

6. Hill W., L. Stead, M. Rosenstein, & G. Furnas（1995）, Recommending And Evaluating Choices In A Virtual Community Of Use, http://www.acm.org/sigchi/chi95/proceedings/papers/wch_bdy.htm

7. Amazon,　http://www.amazon.com

8. Commerce Net, http://www.commerce.net.id/

9. ComScore Networks, http://www.comscore.com

10. Cyber Dialogue, http://www.cyberdialogue.com

11. Harris Interactive, http://www.harrisinteractive.com/

12. International Data Corporation (IDC), http://www.idc.com

13. Jupiter Media Metrix, http://www.jmm.com/

14. NetValue, http://www.netvalue.com/

15. Nielsen Media Research, http://www.nielsenmedia.com/

16. Nielsen//NetRatings, http://www.nielsen-netratings.com/

17. Nua.com, http://www.nua.com

18. Shop.org, http://www.shop.org

19. Taylor Nelson Sofres Interactive,
    http://worldwide.tnsofres.com/ger/

附錄一

為了避免產生網路重覆問卷,請先填寫電子郵件地址。本研究對於您的電子郵件地址,絕不會對外洩漏或用於商業用途,請放心填寫。

您的 e-mail 是:

本問卷部分題目在測量您對網路書店的相關使用行為,雖然每個人的衡量標準及使用情境不同,但請您求取一個平均數或以一般情況作答。

第一部份:感官體驗

	非常不同意	不同意	沒意見	同意	非常同意
01.該網路書店操作介面友善,方便瀏覽資訊	⊙	⊙	⊙	⊙	⊙
02.該網路書店名稱令人印象深刻	⊙	⊙	⊙	⊙	⊙
03.該網路書店的動畫效果具吸引力	⊙	⊙	⊙	⊙	⊙
04.該網路書店的聲音配樂具吸引力	⊙	⊙	⊙	⊙	⊙
05.該網路書店的網頁配色具吸引力	⊙	⊙	⊙	⊙	⊙
06.該網路書店的圖片配置具吸引力	⊙	⊙	⊙	⊙	⊙
07.我喜歡該網路書店的設計風格	⊙	⊙	⊙	⊙	⊙

	非常不同意	不同意	沒意見	同意	非常同意
08.該網路書店文字與圖片的比例適中	C	C	C	C	C
09.該網路書店網頁內容所採用的字型大小和格式清晰可讀	C	C	C	C	C
10.我會常常注意到該網路書店上的廣告	C	C	C	C	C
11.該網路書店的整體導覽架構清楚明瞭	C	C	C	C	C

第二部分：情感體驗

	非常不同意	不同意	沒意見	同意	非常同意
01.該網路書店的宣傳訴求會激發我的情緒反應	C	C	C	C	C
02.該網路書店營造的氣氛讓我覺得身在其中	C	C	C	C	C
03.上該網路書店可以讓我暫時忘記課業或工作上的煩惱	C	C	C	C	C
04.上該網路書店可以找到共同興趣的人互相交流	C	C	C	C	C
05.該網路書店的網友常提供我一些情感上的支持	C	C	C	C	C
06.上該網路書店可以抒發個人情感	C	C	C	C	C
07.當遇到網路功能操作困難時，均可得到	C	C	C	C	C

278

良好回應					
08.我會參考該網路書店網友的意見	C	C	C	C	C
09.該網路書店對於使用者個人資料有良好的隱私保護政策，讓人有安全感而不擔心	C	C	C	C	C
10.該網路書店線上交易安全性令人感到安心	C	C	C	C	C
11.該網路書店的售後服務良好(退換書服務)	C	C	C	C	C
12.該網路書店針對顧客需求提供個人化的服務和資訊內容(推薦書單)，使我覺得受到尊重	C	C	C	C	C
13.該網路書店會主動關心使用者的需求與喜好	C	C	C	C	C

第三部份：思考體驗

	非常不同意	不同意	沒意見	同意	非常同意
01.該網路書店內容多元、饒富趣味	C	C	C	C	C
02.該網路書店所舉辦的活動或遊戲充滿新意，可以激發使用者創意思考	C	C	C	C	C

	非常 不同 意	不同 意	沒意 見	同意	非常 同意
03.該網路書店的圖書資訊內容豐富	C	C	C	C	C
04.該網路書店的相關內容更新快速	C	C	C	C	C
05.該網路書店設有特殊的主題討論區(如 知名作家或熱門書籍的專屬討論區)	C	C	C	C	C
06.該網路書店有許多專業人士在主題討論 區	C	C	C	C	C
07.該網路書店的電子報內容豐富	C	C	C	C	C
08.該網路書店討論區的資訊流通快速	C	C	C	C	C
09.該網路書店的書籍分類方式很恰當	C	C	C	C	C
10.該網路書店有專業人士的專欄或書評	C	C	C	C	C

第四部分：行動體驗

	非常 不同 意	不同 意	沒意 見	同意	非常 同意
01.我願意使用該網路書店的書籍查詢功能	C	C	C	C	C
02.我願意使用該網路書店的線上交易功能	C	C	C	C	C
03.我願意使用該網路書店的討論區功能	C	C	C	C	C
04.我願意使用該網路書店的留言版功能	C	C	C	C	C
05.我願意使用該網路書店的聊天室功能	C	C	C	C	C
06.我願意使用該網路書店的個人化功能(如	C	C	C	C	C

	非常不同意	不同意	沒意見	同意	非常同意
個人首頁、我的書單等)					
07.我願意使用該網路書店的線上輔助功能	☐	☐	☐	☐	☐
08.我願意使用該網路書店的書摘內容試閱功能	☐	☐	☐	☐	☐
09.我願意使用該網路書店的訂單查詢功能	☐	☐	☐	☐	☐
10.我願意註冊成為該網路書店的會員	☐	☐	☐	☐	☐
11.我願意參加該網路書店所做的讀者意見調查	☐	☐	☐	☐	☐
12.我願意訂閱該網路書店的電子報	☐	☐	☐	☐	☐
13.我願意參加該網路書店所舉辦的線上活動(徵文、抽獎、遊戲等)	☐	☐	☐	☐	☐
14.我願意參加該網路書店所舉辦的促銷活動(減價、電子折價券等)	☐	☐	☐	☐	☐

第五部份：關聯體驗

	非常不同意	不同意	沒意見	同意	非常同意
01.該網路書店是由知名的出版社或實體書店所成立的	☐	☐	☐	☐	☐
02.該網路書店的知名度高、規模較大	☐	☐	☐	☐	☐

03.該網路書店的品牌形象良好	⊏	⊏	⊏	⊏	⊏
04.該網路書店有知名作家的專屬討論區(如金庸、村上春樹等)	⊏	⊏	⊏	⊏	⊏
05.該網路書店有熱門書籍的專屬討論區(如失戀雜誌、哈利波特等)	⊏	⊏	⊏	⊏	⊏
06.該網路書店讓我感受到我與其他網友是同一個團體	⊏	⊏	⊏	⊏	⊏
07.該網路書店的經營氣氛或風格具有某種社會規範	⊏	⊏	⊏	⊏	⊏
08.該網路書店會讓使用者有一種認同感	⊏	⊏	⊏	⊏	⊏
09.常上該網路書店可以提升文化水準	⊏	⊏	⊏	⊏	⊏
10.加入該網路書店會員可享有會員專屬服務	⊏	⊏	⊏	⊏	⊏
11.加入該網路書店會員可與其他網友增加關聯	⊏	⊏	⊏	⊏	⊏

第六部分：上站忠誠度

	非常不同意	不同意	沒意見	同意	非常同意
01.即使沒有想買書，我也會來逛這個網路書店	⊏	⊏	⊏	⊏	⊏

	非常不同意	不同意	沒意見	同意	非常同意
02.我很習慣在該網路書店尋找圖書資訊，很少再去其他網路書店	☐	☐	☐	☐	☐
03.我會持續來上這個網路書店	☐	☐	☐	☐	☐
04.我會增加使用該網路書店的頻率	☐	☐	☐	☐	☐
05.我會增加瀏覽該網路書店的上線停留時間	☐	☐	☐	☐	☐
06.我會向他人推薦該網路書店	☐	☐	☐	☐	☐
07.既使該網路書店連線速度很慢，我願意等，也不願意上其他網路書店	☐	☐	☐	☐	☐
08.對我來說該網路書店是相同性質網路書店中最好的	☐	☐	☐	☐	☐
09.我會把該網路書店加到我的最愛(bookmark)中	☐	☐	☐	☐	☐

第七部份：購物忠誠度

	非常不同意	不同意	沒意見	同意	非常同意
01.若是要在網路上買書，我會在該網路書店購買	☐	☐	☐	☐	☐
02.我願意持續仕該網路書店購書	☐	☐	☐	☐	☐
03.我會增加在該網路書店購書的數量	☐	☐	☐	☐	☐

	非常不同意	不同意	沒意見	同意	非常同意
04.我會增加在該網路書店購書的頻率	C	C	C	C	C
05.對我來說，該網路書店是購買書籍的最佳選擇	C	C	C	C	C
06.我會推薦我的親友來該網路書店購書	C	C	C	C	C

第八部分：組織忠誠度

	非常不同意	不同意	沒意見	同意	非常同意
01.我覺得我和該網路書店是一體的	C	C	C	C	C
02.我覺得我會對該網路書店有種歸屬感	C	C	C	C	C
03.我有種強烈想要成為該網路書店一份子的感覺	C	C	C	C	C
04.我願意為該網路書店貢獻我的創作(張貼文章)及時間	C	C	C	C	C
05.我願意服從該網路書店對於我的領導及管理規則	C	C	C	C	C

第九部份：網路人口變項

01.我的性別是：
C 男性　C 女性

02.我的年齡是：

☐ 14 歲以下 ☐ 15~19 歲 ☐ 20~24 歲 ☐ 25~29 歲 ☐ 30~39 歲

☐ 40~49 歲 ☐ 50~59 歲 ☐ 60 歲以上

03.我的教育程度是：

☐ 國(初)中或以下 ☐ 高中(職) ☐ 專科 ☐ 大學院校 ☐ 研究所或以上

04.我目前的職業是：

☐ 金融、保險及不動產業 ☐ 法律及工商服務業 ☐ 教育、學術、傳播

☐ 商業（批發、零售、餐旅業） ☐ 製造業 ☐ 水電燃氣業

☐ 營造業 ☐ 運輸、倉儲及通信業 ☐ 軍警及公務員

☐ 農林漁牧業 ☐ 礦業及土石採取業 ☐ 學生

☐ 家庭管理 ☐ 退休人員 ☐ 其他

05.我最近一年的每月平均收入是：

☐ 20,000 元以下 ☐ 20,001~40,000 元 ☐ 40,001~60,000 元

☐ 60,001~80,000 元 ☐ 80,001~100,000 元 ☐ 100,000 元以上

06.我上網的頻率：

☐ 幾個禮拜一次 ☐ 一個禮拜一次 ☐ 二、三天一次 ☐ 每天

07.我每次平均上網的時間：

☐ 60 分鐘以下 ☐ 61~120 分鐘 ☐ 121~180 分鐘 ☐ 181 分鐘以上

08.我一般使用的網路是：

☐ 寬頻網路(T1~T3 專線,ADSL,有線電視上網,學校網路) ☐ 窄頻網路

(一般電話撥接) ☐ 不知道

再次謝謝您的填答，請檢查是否有漏填的題目，若確定無誤，

請按"問卷填答完畢"鍵送出！

問卷填答完畢

附錄二

　　為了避免產生網路重覆問卷，以及方便中獎通知，請先填寫電子郵件地址。本研究對於您的電子郵件地址，絕不會對外洩漏或用於商業用途，請放心填寫。

您的 e-mail 是：[_____]

本問卷部分題目在測量您對網路書店的相關使用行為，若您曾在數家網路書店購物或是使用其服務(如查詢書籍、訂閱電子報等)，請依據您的經驗，針對您認為最好的一家網路書店填答下列問題，雖然每個人的衡量標準及使用情境不同，但請您求取一個平均數或以一般情況作答。

第 一 部 份 ： 感 官 體 驗

	非常不同意	不同意	沒意見	同意	非常同意
01.該網路書店名稱令人印象深刻	☐	☐	☐	☐	☐
02.該網路書店的網頁配色具吸引力	☐	☐	☐	☐	☐
03.該網路書店的圖片配置具吸引力	☐	☐	☐	☐	☐

04.我喜歡該網路書店的設計風格	☪	☪	☪	☪	☪
05.該網路書店文字與圖片的比例適中	☪	☪	☪	☪	☪
06.我會常常注意到該網路書店上的廣告	☪	☪	☪	☪	☪
07.該網路書店的整體導覽架構清楚明瞭	☪	☪	☪	☪	☪

第二部份：情感體驗

	非常不同意	不同意	沒意見	同意	非常同意
01.上該網路書店可以找到共同興趣的人互相交流	☪	☪	☪	☪	☪
02.該網路書店的網友常提供我一些情感上的支持	☪	☪	☪	☪	☪
03.上該網路書店可以抒發個人情感	☪	☪	☪	☪	☪
04.該網路書店的售後服務良好(退換書服務)	☪	☪	☪	☪	☪
05.該網路書店針對顧客需求提供個人化的服務和資訊內容(推薦書單)，使我覺得受到尊重	☪	☪	☪	☪	☪
06.該網路書店會主動關心使用者的需求與喜好	☪	☪	☪	☪	☪

第 三 部 份 ： 思 考 體 驗

	非常不同意	不同意	沒意見	同意	非常同意
01.該網路書店內容多元、饒富趣味	☐	☐	☐	☐	☐
02.該網路書店所舉辦的活動或遊戲充滿新意，可以激發使用者創意思考	☐	☐	☐	☐	☐
03.該網路書店的相關內容更新快速	☐	☐	☐	☐	☐
04.該網路書店設有特殊的主題討論區(如知名作家或熱門書籍的專屬討論區)	☐	☐	☐	☐	☐
05.該網路書店有許多專業人士在主題討論區	☐	☐	☐	☐	☐
06.該網路書店的電子報內容豐富	☐	☐	☐	☐	☐
07.該網路書店討論區的資訊流通快速	☐	☐	☐	☐	☐
08.該網路書店的書籍分類方式很恰當	☐	☐	☐	☐	☐

第四部份：行動體驗

	非常不同意	不同意	沒意見	同意	非常同意
01.我願意使用該網路書店的討論區功能	C	C	C	C	C
02 我願意使用該網路書店的留言版功能	C	C	C	C	C
03.我願意使用該網路書店的聊天室功能	C	C	C	C	C
04.我願意使用該網路書店的書摘內容試閱功能	C	C	C	C	C
05.我願意使用該網路書店的訂單查詢功能	C	C	C	C	C
06.我願意註冊成為該網路書店的會員	C	C	C	C	C
07.我願意訂閱該網路書店的電子報	C	C	C	C	C
08.我願意參加該網路書店所舉辦的線上活動(徵文、抽獎、遊戲等)	C	C	C	C	C
09.我願意參加該網路書店所舉辦的促銷活動(減價、電子折價券等)	C	C	C	C	C

第五部份：關聯體驗

	非常 不同 意	不同 意	沒意 見	同意	非常 同意
01.該網路書店是由知名的出版社或 　　實體書店所成立的	☐	☐	☐	☐	☐
02.該網路書店有知名作家的專屬討 　　論區(如金庸、村上春樹等)	☐	☐	☐	☐	☐
03.該網路書店有熱門書籍的專屬討 　　論區(如失戀雜誌、哈利波特等)	☐	☐	☐	☐	☐
04.該網路書店讓我感受到我與其他 　　網友是同一個團體	☐	☐	☐	☐	☐
05.該網路書店的經營氣氛或風格具 　　有某種社會規範	☐	☐	☐	☐	☐
06.該網路書店會讓使用者有一種認 　　同感	☐	☐	☐	☐	☐
07.常上該網路書店可以提升文化水 　　準	☐	☐	☐	☐	☐
08.加入該網路書店會員可享有會員 　　專屬服務	☐	☐	☐	☐	☐
09.加入該網路書店會員可與其他網 　　友增加關聯	☐	☐	☐	☐	☐

第六部份：上站忠誠度

	非常不同意	不同意	沒意見	同意	非常同意
01.即使沒有想買書，我也會來逛這個網路書店	C	C	C	C	C
02.我很習慣在該網路書店尋找圖書資訊，很少再去其他網路書店	C	C	C	C	C
03.我會持續來上這個網路書店	C	C	C	C	C
04.我會增加使用該網路書店的頻率	C	C	C	C	C
05.我會增加瀏覽該網路書店的上線停留時間	C	C	C	C	C
06.我會向他人推薦該網路書店	C	C	C	C	C
07.既使該網路書店連線速度很慢，我願意等，也不願意上其他網路書店	C	C	C	C	C

第七部份：購物忠誠度

	非常不同意	不同意	沒意見	同意	非常同意
01.若是要在網路上買書，我會在該網路書店購買	◻	◻	◻	◻	◻
02.我願意持續在該網路書店購書	◻	◻	◻	◻	◻
03.我會增加在該網路書店購書的數量	◻	◻	◻	◻	◻
04.我會增加在該網路書店購書的頻率	◻	◻	◻	◻	◻
05.對我來說，該網路書店是購買書籍的最佳選擇	◻	◻	◻	◻	◻
06.我會推薦我的親友來該網路書店購書	◻	◻	◻	◻	◻

第八部份：組織忠誠度

	非常不同意	不同意	沒意見	同意	非常同意
01.我覺得我和該網路書店是一體的	☐	☐	☐	☐	☐
02.我覺得我會對該網路書店有種歸屬感	☐	☐	☐	☐	☐
03.我有種強烈想要成為該網路書店一份子的感覺	☐	☐	☐	☐	☐
04.我願意為該網路書店貢獻我的創作(張貼文章)及時間	☐	☐	☐	☐	☐
05.我願意服從該網路書店對於我的領導及管理規則	☐	☐	☐	☐	☐

第九部份：網路人口變項

01.我的性別是：
☐ 男性　☐ 女性

02.我的年齡是：
☐ 14 歲以下　☐ 15~19 歲　☐ 20~24 歲　☐ 25~29 歲

☐ 30~39 歲　☐ 40~49 歲　☐ 50~59 歲　☐ 60 歲以上

03.我的教育程度是：

☐ 國(初)中或以下　☐ 高中(職)　☐ 專科　☐ 大學院校

☐ 研究所或以上

04.我目前的職業是：

☐ 金融、保險及不動產業　☐ 法律及工商服務業　☐ 教育、學術、

傳播　☐ 商業（批發、零售、餐旅業）　☐ 製造業　☐ 水電燃氣業

☐ 營造業　☐ 運輸、倉儲及通信業　☐ 軍警及公務員

☐ 農林漁牧業　☐ 礦業及土石採取業　☐ 學生　☐ 家庭管理　☐

退休人員　☐ 其他

05.我最近一年的每月平均收入是：

☐ 20,000 元以下　☐ 20,001~40,000 元　☐ 40,001~60,000 元

C 60,001~80,000 元 C 80,001~100,000 元 C 100,000 元以上

06.我上網的頻率：

C 幾個禮拜一次 C 一個禮拜一次 C 二、三天一次 C 每天

07.我每次平均上網的時間：

C 60 分鐘以下 C 61~120 分鐘 C 121~180 分鐘 C 181 分鐘
以上

08.我一般使用的網路是：

C 寬頻網路(T1~T3 專線,ADSL,有線電視上網,學校網路) C 窄頻
網路(一般電話撥接) C 不知道

再次謝謝您的填答，請檢查是否有漏填的題目，若確定無誤，
請按"問卷填答完畢"鍵送出！
並祝您幸運中獎！

問卷填答完畢

國家圖書館出版品預行編目

體驗行銷對網路書店虛擬社群影響之研究 ＝
An influence study of experiential marketing on the
on-line bookstores community / 王祿旺著. -- 一版.
臺北市：秀威資訊科技, 2005[民 94]
　　面 ； 　公分. -- 　參考書目：面
　ISBN 978-986-7263-67-4（平裝）

1. 電子書業 - 管理
2. 銷售
487.6　　　　　　　　　　　　　94017230

社會科學類　　AF0030

體驗行銷對網路書店虛擬社群影響之研究

作　　者 / 王祿旺
發 行 人 / 宋政坤
執行編輯 / 李坤城
圖文排版 / 劉逸倩
封面設計 / 羅季芬
數位轉譯 / 徐真玉　沈裕閔
圖書銷售 / 林怡君
網路服務 / 徐國晉
出版印製 / 秀威資訊科技股份有限公司
　　　　　　台北市內湖區瑞光路 583 巷 25 號 1 樓
　　　　　　電話：02-2657-9211　　　傳真：02-2657-9106
　　　　　　E-mail：service@showwe.com.tw
經 銷 商 / 紅螞蟻圖書有限公司
　　　　　　台北市內湖區舊宗路二段 121 巷 28、32 號 4 樓
　　　　　　電話：02-2795-3656　　　傳真：02-2795-4100
　　　　　　http://www.e-redant.com

2006 年 7 月 BOD 再刷
定價：320 元

讀　者　回　函　卡

感謝您購買本書，為提升服務品質，煩請填寫以下問卷，收到您的寶貴意見後，我們會仔細收藏記錄並回贈紀念品，謝謝！

1.您購買的書名：_____

2.您從何得知本書的消息？

　　□網路書店　□部落格　□資料庫搜尋　□書訊　□電子報　□書店

　　□平面媒體　□ 朋友推薦　□網站推薦 □其他_____

3.您對本書的評價：(請填代號　1.非常滿意 2.滿意 3.尚可 4.再改進)

　　封面設計____　版面編排____　內容____　文/譯筆____　價格____

4.讀完書後您覺得：

　　□很有收獲　□有收獲　□收獲不多　□沒收獲

5.您會推薦本書給朋友嗎？

　　□會　□不會，為什麼？_____

6.其他寶貴的意見：_____

_____

_____

_____

讀者基本資料

姓名：_____　年齡：_____　性別：□女 □男

聯絡電話：_____　E-mail：_____

地址：_____

學歷：□高中(含)以下　　□高中　□專科學校　□大學

　　　□研究所(含)以上 □其他_____

職業：□製造業 □金融業 □資訊業 □軍警 □傳播業 □自由業

　　　□服務業 □公務員 □教職　□學生 □其他_____

秀威與 BOD

BOD（Books On Demand）是數位出版的大趨勢，秀威資訊率
先運用 POD 數位印刷設備來生產書籍，並提供作者全程數位出
版服務，致使書籍產銷零庫存，知識傳承不絕版，目前已開闢
以下書系：

一、BOD 學術著作—專業論述的閱讀延伸
二、BOD 個人著作—分享生命的心路歷程
三、BOD 旅遊著作—個人深度旅遊文學創作
四、BOD 大陸學者—大陸專業學者學術出版
五、POD 獨家經銷—數位產製的代發行書籍

BOD 秀威網路書店：www.showwe.com.tw
政府出版品網路書店：www.govbooks.com.tw

　　永不絕版的故事・自己寫・永不休止的音符・自己唱